Titel der französischen Ausgabe:
L'encyclopédie de l'imagerie. La classe nature
Fachlektorat der deutschen Ausgabe:
Dr. Christa Söhl

ISBN 3-89717-228-3
Printed in France by *Partenaires-Livres*® (JL)

10 9 8 7 6 5 4 3 2 1

FLEURUS BILDERLEXIKON

Grundwissen

Natur und Umwelt

Idee:
Jacques Delaroche

Text:
Sylvie Deraime

Illustrationen:
Jacques Dayan
Pierre Bon
Sandra Smith
Sophie Surber
M.I.A.: Betti Ferrero
Sandra Caleffi
Gianpietro Costa

Aus dem Französischen von
Claudia Jost

FLEURUS VERLAG

Inhalts

Grund-
wissen
Natur und Umwelt

DIE ERDE

DAS WASSER

DER HIMMEL

DAS UNIVERSUM

DIE PFLANZEN

verzeichnis

DIE TIERE

DIE LEBENSRÄUME

DIE RESSOURCEN

DER NATURSCHUTZ

DIE ERDE

DER AUFBAU

Die Erde entstand vor rund 4,5 Milliarden Jahren. Sie ist der einzige Planet unseres Sonnensystems, auf dem es Leben gibt. Sie selbst ist auch »lebendig«, weil sie ständig in Bewegung ist. Durch den Hitzeaustausch zwischen ihrem heißen Kern und der kälteren Kruste werden Gesteinsmassen bewegt und zum Schmelzen gebracht. An der Oberfläche dieses brodelnden Kochtopfs entstanden Ozeane und verschwanden wieder, Kontinente verschieben sich. Die Erde verändert sich ständig.

Ist die Erde wirklich rund?

Nicht ganz: Durch die Kraft ihrer Drehung flacht sich die Erde an den Polen ab und verdickt sich entlang des Äquators. Aus dem Weltall gleicht sie einem Ball voller Buckel und Dellen, der Luft verliert.

Das Innere der Erde

Die Bewegungen, die die Oberfläche unseres Planeten erschüttern, stammen aus seinem Inneren. Die Erde lässt sich mit einer hartschaligen Frucht vergleichen. Die Schale ist die Erdkruste, die fest, aber in mehrere Teile aufgebrochen ist. Auf ihr schwimmen die Kontinente und Ozeane. Unter den Kontinenten hat sie eine Dicke von 35 bis 40 km, unter den Ozeanen ist sie jedoch kaum stärker als 10 km. Daher ist der Meeresgrund in ständiger Bewegung. Er erneuert sich immer dann, wenn Magma aus dem Erdmantel austritt.

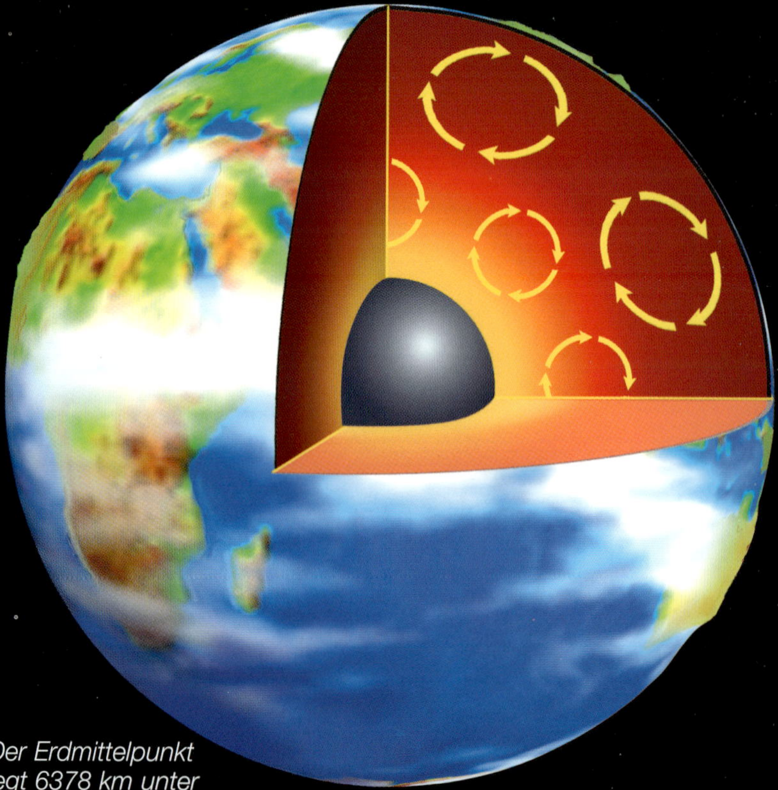

Der Erdmittelpunkt liegt 6378 km unter der Oberfläche.

Der bis zu 2900 km dicke Erdmantel entspricht dem Fruchtfleisch. Er besteht vor allem aus zähflüssigem Magma und Gestein, das durch den starken Druck und die Hitze geschmolzen ist. Der Mantel umschließt einen flüssigen äußeren Kern, der einen festen inneren Kern aus Metall enthält. Die Temperaturunterschiede sind enorm: von 5000 °C im Kern bis zu wenigen Grad an der Oberfläche. Je heißer die Materie ist, desto leichter ist sie und steigt auf; kältere und dichtere Materie sinkt ab. Dieses Gesetz der Konvektion erklärt die Strömungen des Magmas im Erdmantel.

Ein Planet in Bewegung

Die Kontinentalverschiebung

Vor 400 Millionen Jahren waren alle Kontinente in einem einzigen Urkontinent vereinigt: Pangäa.

Mit der Entstehung des Nordatlantiks und des Indischen Ozeans vor etwa 200 Millionen Jahren teilte sich Pangäa in einen Nord- und einen Südkontinent.

Vor 65 Millionen Jahren trennte sich Afrika von Südamerika ab und wanderte in Richtung Europa.

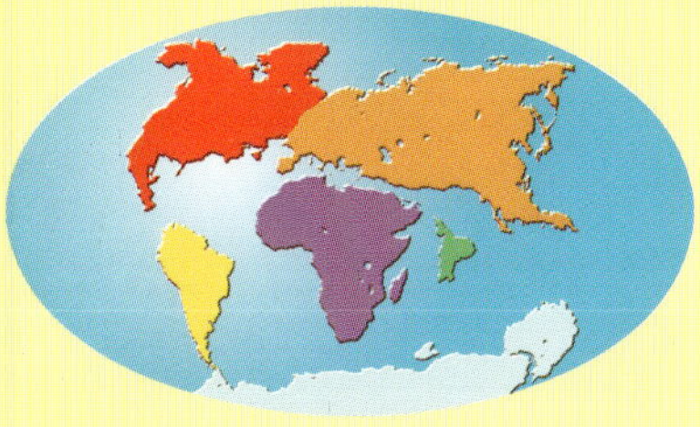

10 Millionen Jahre später stieß Indien gegen Asien. Vor 3 Millionen Jahren verband sich das inzwischen von Europa abgetrennte Nordamerika mit Südamerika.

Die Plattentektonik

Die Konvektionsströmungen in der Tiefe bewirken an der Oberfläche die Bewegungen der Kontinente. Die Kontinente und die Ozeane liegen auf zwölf Erdplatten, in die die Kruste zerbrochen ist. Die Aufteilung der Platten stimmt aber nicht mit der der Kontinente und Ozeane überein. Die Afrikanische Platte beispielsweise trägt nicht nur Afrika, sondern auch einen Teil des Atlantiks und des Indischen Ozeans. Die Platten bilden eine Art Puzzle: Kein Teil kann sich bewegen, ohne dass die anderen sich mitbewegen. Sie werden von den Bewegungen des Erdmantels mitgezogen.

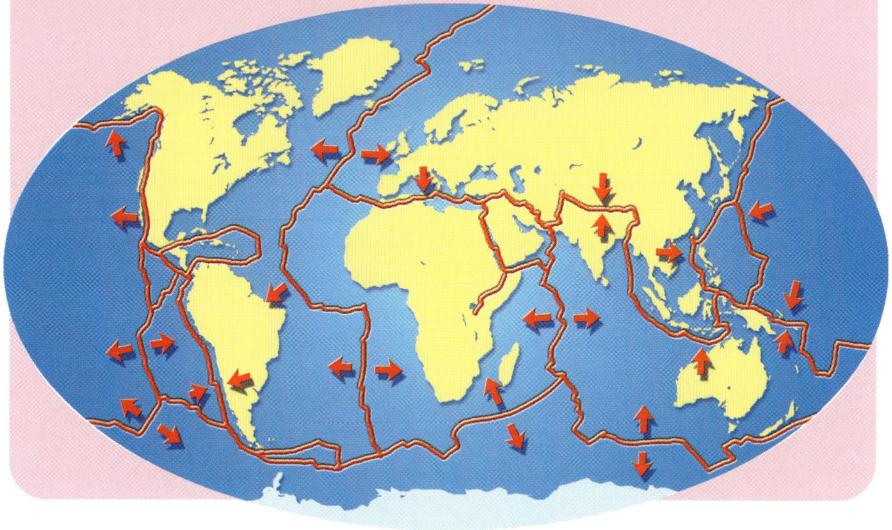

Die Verschiebungen dauern an

Der Erdmotor dreht sich unaufhaltsam weiter. Entsteht an einer Stelle eine neue ozeanische Kruste, so verschwindet an anderer Stelle die gleiche Menge an Kruste, weil die Gesamtoberfläche des Puzzles immer gleich bleibt. Die einzelnen Teile müssen sich ständig neu ausrichten. Die Pazifische Platte zum Beispiel verschiebt sich durch die Expansion des Ozeanbodens um 3 cm pro Jahr nach Norden. Nun liegt aber die kalifornische Halbinsel auf dieser Platte, während der Rest der USA auf der Nordamerikanischen Platte ruht, die nach Süden driftet! In einigen Millionen Jahren dürfte Kalifornien vom Festland abgerissen sein und sich auf die Gletscher von Alaska zubewegen.

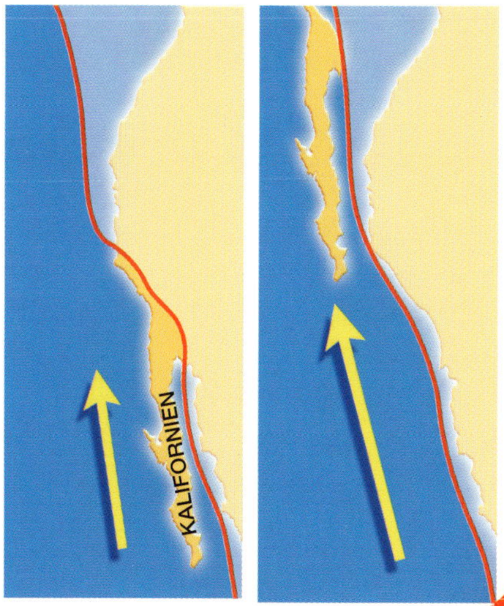

VERSCHIEDENE GESTEINSARTEN

In ihrer Anfangszeit war die Erde ein Schmelztiegel. Wie in einem Kessel wurde energiereiches Magma produziert. Bei seiner Abkühlung entstanden an der Oberfläche festere Teile, die die Erdkruste bildeten. Das älteste Gestein unter unseren Füßen hat ein Alter von knapp 4 Milliarden Jahren! Seither entstehen ständig neue Mineralien: Sie ändern sich durch die Einwirkung innerer und äußerer Kräfte und haben daher in gewissem Sinne einen eigenen Lebenskreislauf.

Die Gesteine, die die Geologen untersuchen, sind Zeugen der Erdgeschichte. Sie bilden aufeinander folgende Schichten, die der Zeitabfolge entsprechen. Verwerfungen innerhalb der Schichten sind durch einschneidende Ereignisse entstanden.

Entstehung aus dem Magma

Im Erdmantel lassen Hitze und Druck das Gesteinsmaterial schmelzen. Das geschmolzene Material kann fest werden, bevor es überhaupt die Erdoberfläche erreicht: Es bildet dann Gesteinskristalle wie den Granit. Oder es dringt durch die Kruste an die Oberfläche: Basalt und Bimsstein sind aus erkalteter Lava entstanden.

Auswirkungen der Zeit

Die Sedimentgesteine bestehen aus Körnern und Steinschutt. Sie bilden sich aus der Abtragung älterer Gesteine wie beispielsweise Ton und Sandstein, die aus dicht gefügten Sandkörnern zusammengesetzt sind. Kalk entsteht meist aus den Skeletten von Meerestieren, die sich auf dem Meeresgrund ablagern.

Gesteinsmetamorphose

Durch die Bewegungen der Erdkruste wird Magma- oder Sedimentgestein in metamorphes Gestein umgewandelt. Diese Metamorphose, also Umwandlung, vollzieht sich unter starkem Druck und hoher Temperatur insbesondere bei der Entstehung von Gebirgen.

Steine als Zeugen der Vergangenheit

Der Basalt ist das am häufigsten vorkommende Magmagestein. Beim Austritt aus den Vulkanen ist er dünnflüssig, wird jedoch nach der Abkühlung sehr hart, zieht sich zusammen, reißt ein und lässt so bizarre Formen entstehen. Im Norden Irlands zeugen die Basaltsäulen von Giant's Causeway von Vulkanaktivitäten vor rund 60 Millionen Jahren.

Die Felsen aus weißem Kalkstein (Kalkfelsen) entlang der Küsten Nordwesteuropas wie etwa die berühmten Felsen von Étretat in Frankreich bildeten sich vor 70 bis 100 Millionen Jahren. Diese Regionen lagen damals noch in einem Meer mit warmem, klarem Wasser, in dem winzige Organismen lebten, die Coccolithophoriden. Die Kalkfelsen entstanden aus den Ablagerungen ihrer Schalen.

Ton, ein weiches Sedimentgestein, wurde einst durch die Kraft der darauf einwirkenden Masse zerbrochen und verformt. Es wandelte sich in Schieferton um, wozu auch der Schiefer gehört, später dann in Gneis. Der Marmor entstand aus der Umwandlung von Kalk. Die Berge bei Carrara in Italien (siehe Abbildung links) sind wegen ihres weißen Marmors berühmt.

DIE OBERFLÄCHENFORMEN

Die Gebirge an der Erdoberfläche entstehen durch den Vulkanismus und die Plattentektonik, die von den Konvektionsströmungen verursacht werden. Kaum dass die Gebirge ihre Gipfel aufgerichtet haben, werden sie bereits durch Erosionskräfte abgetragen und zerfurcht. Aber alles, was Wasser und Eis, Wind und Temperaturunterschiede hier abtragen, lagern sie an anderer Stelle wieder ab. Die derzeitigen Oberflächenformen haben sich durch den Wettstreit zwischen diesen entgegengesetzten Kräften gebildet.

Die Wellen formen beständig die Ufer der Meere. Sie höhlen die weichen Kalkfelsen am Fuß aus, bis sie zusammenbrechen. Sie runden und polieren die Kieselsteine. Anderenorts verlagern sie Sandbänke von einem zum anderen Ende des Strandes.

Die Entstehung der Strände

Wenn die Flüsse ins Meer münden, lagern sie Material ab, das sie dem Land entrissen haben. Dieses Material häuft sich an der Mündung an oder wird von den Wellen mitgenommen und später zusammen mit Meeressedimenten, Sand, Muschelschalen und Tierskeletten wieder abgelagert. Aus diesen Ablagerungen, den so genannten Akkumulationen, entstehen die Strände. Bei der Abtragung von Gestein und Kies durch die Wellen entsteht ständig neuer Sand.

Oberflächenformen der Ebenen

Die überwiegend flachen Ebenen ① reichen so weit das Auge blicken kann. Sie liegen nur wenige Meter über dem Meeresspiegel: Bei der Großen Europäischen Ebene, die Nordeuropa von Nordfrankreich bis nach Russland bedeckt, sind es nur 200 m. In vorgeschichtlicher Zeit war dieses Gebiet mehrfach von einer dicken Eisschicht bedeckt. Bei ihrem letzten Rückzug vor lediglich 15 000 Jahren haben die urzeitlichen Gletscher die ganze Ebene geglättet. Trotzdem haben sie einige Erhebungen hinterlassen: die Hügel ②.

Ebene oder Plateau?

Selbst am Fuße von Gebirgen sind Ebenen zu finden, die so genannten Piedmontflächen. Die Berge können auch Plateaus ③ umschließen. Plateaus sind wie Ebenen flache Flächen, aber etwas höher gelegen und die dort fließenden Gewässer graben sich tiefer ins Gestein ein. Plateaus werden daher von Tälern durchzogen. Die Flusstäler ④ sind das Werk der Wasserläufe. Sie tragen nach und nach Gestein ab, um sich ein Bett zu schaffen. Die Form gleicht im Allgemeinen einem

Ein Wettstreit zwischen entgegengesetzten Kräften

V, aber dieses V ist mal mehr, mal weniger breit. Sie hängt von der Fließgeschwindigkeit des Wassers, vom Neigungsgrad und von der Gesteinsart des Untergrunds ab: Handelt es sich um sehr hartes Gestein, wird das Flussbett enger.

Erosion und Akkumulation

Im Laufe der Zeit lagern die Wasserläufe in den Ebenen den Gesteinsschutt ab, den sie von den Gebirgen ⑤ her transportieren. Auch der Wind steuert seinen Teil an Staub bei, den er von den Felsen abgetragen hat. Diese Sedimente (Ablagerungen) füllen die Einschnitte wieder aus, wie dies in den „Becken" genannten Regionen der Fall ist, wie etwa im Pariser Becken in Frankreich oder im Schwäbisch-Fränkischen Stufenland in Deutschland. Durch Aufschichtungen zwischen den Hügeln gleichen sie die Strukturen aus oder erhöhen die ältesten Teile der Kontinente, die man Schilde nennt. Der Sockel Europas wird etwa durch den Skandinavischen Schild ganz im Norden gebildet. Ebenen, in denen sich die Ablagerungen sammeln, sind sehr fruchtbar. Deshalb lassen sich dort gerne Menschen nieder, um das Land zu bebauen.

Kampf in den Höhen

Das Gletschertal ⑥ in Form eines U wird von den Gletschern geformt. Sie sind aus Schneeansammlungen entstanden und prägen mit ihrer typischen Oberflächenform das Hochgebirge oberhalb von 3000 m. Rutschen die Gletscher tiefer hinab, so reißen sie an den Flanken der Berge große Gesteinsmassen mit. Die Gebirge verursachen ihre Abtragung im Übrigen selbst: Über ihren Gipfeln stauen sich die Wolken. Diese bringen den Gebirgen Schnee und Regen, aus denen wiederum Gletscher ⑦ und Flüsse entstehen. In die Täler, welche die Gletscher und Flüsse ausgraben, stürzt sich seinerseits der Wind, um ebenfalls ein Stück Gebirge abzutragen.

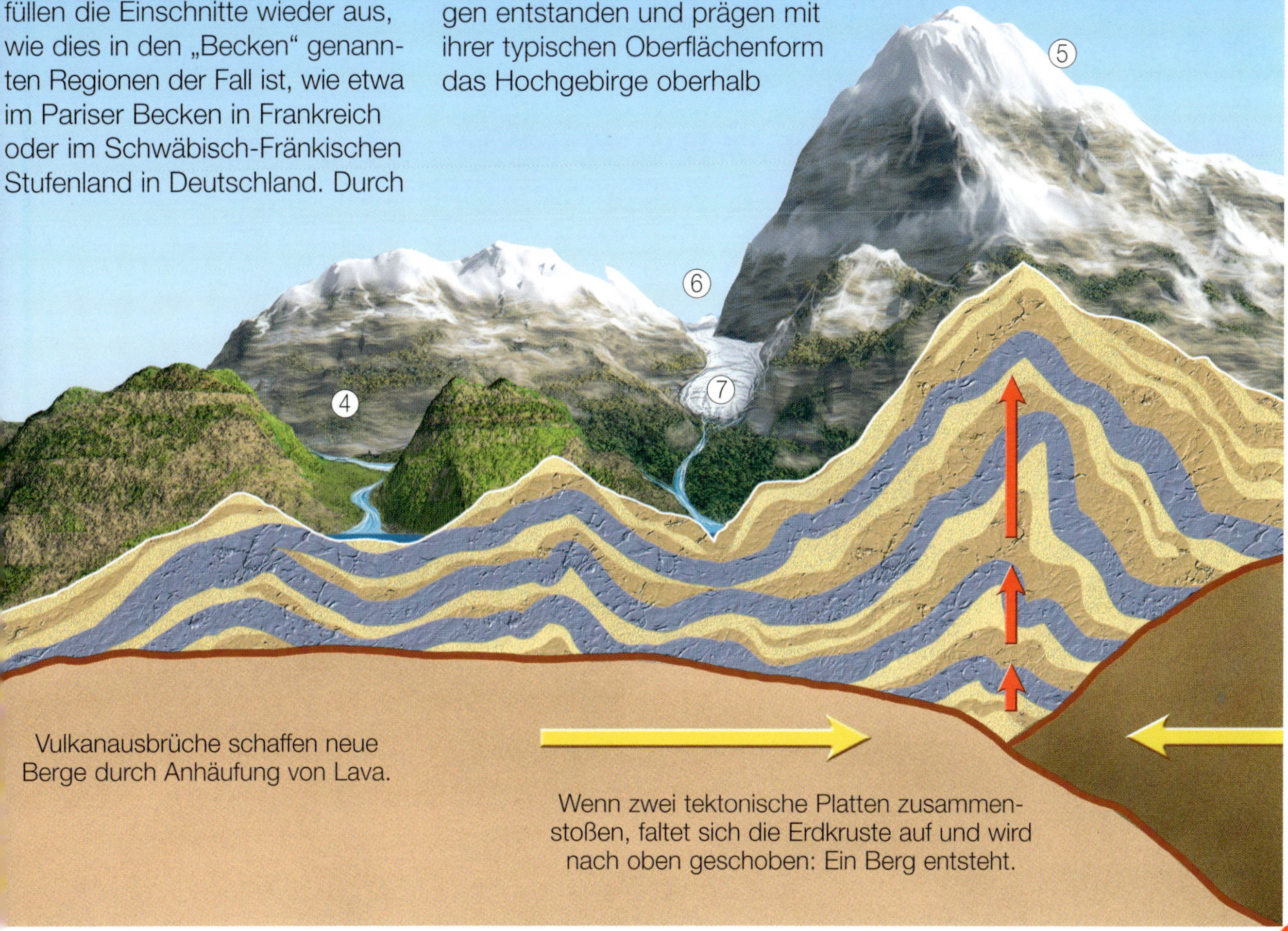

Vulkanausbrüche schaffen neue Berge durch Anhäufung von Lava.

Wenn zwei tektonische Platten zusammenstoßen, faltet sich die Erdkruste auf und wird nach oben geschoben: Ein Berg entsteht.

DIE BERGE

Vor ungefähr 400 Millionen Jahren trieb die Platte, die Nordamerika und Grönland trägt, auf die Eurasische Platte zu. Bei diesem heftigen Zusammenstoß entstand die älteste Gebirgskette, das Kaledonische Gebirge. Sie säumt die norwegische Küste und setzt sich in Schottland fort. Seit ihrer Entstehung ist diese Bergkette der Erosion durch die Elemente vollkommen ausgesetzt. Die höchsten Gipfel unseres Planeten gehören dagegen zu Gebirgsketten, deren Auffaltung noch nicht abgeschlossen ist.

Die Herren der Erde

Durch den Zusammenprall tektonischer Platten entstand die Gebirgskette der Kordilleren, die sich entlang der Westküste des amerikanischen Kontinents von Alaska bis nach Feuerland erstreckt. In den Rocky Mountains wie auch in den Anden sind zahlreiche Gipfel höher als 6000 m. Einige Berge wie der Aconcagua sind Vulkane. Das 700 km lange Atlasgebirge im Nordwesten Afrikas und die Alpen, die sich bogenförmig 1200 km durch das südliche Mitteleuropa ziehen, entstanden beide durch die Annäherung zwischen der Afrikanischen und der Eurasischen Platte. Ohne Erosion wären die Alpen heute höher als 20 km! Der höchste Punkt Afrikas, der Kilimandscharo, hat die runde Form eines Vulkanberges. Sein Hauptkrater wird von einem Gletscher bedeckt. Durch den Zusammenstoß zwischen Indien und Asien entstand der Himalaja, die höchste Gebirgskette der Welt. Sie wächst jährlich noch um 10 mm. Weiter im Osten driftet Australien auf Asien zu. Aus dieser Verschiebung (9 cm im Jahr) haben sich die Berge Neuguineas gebildet.

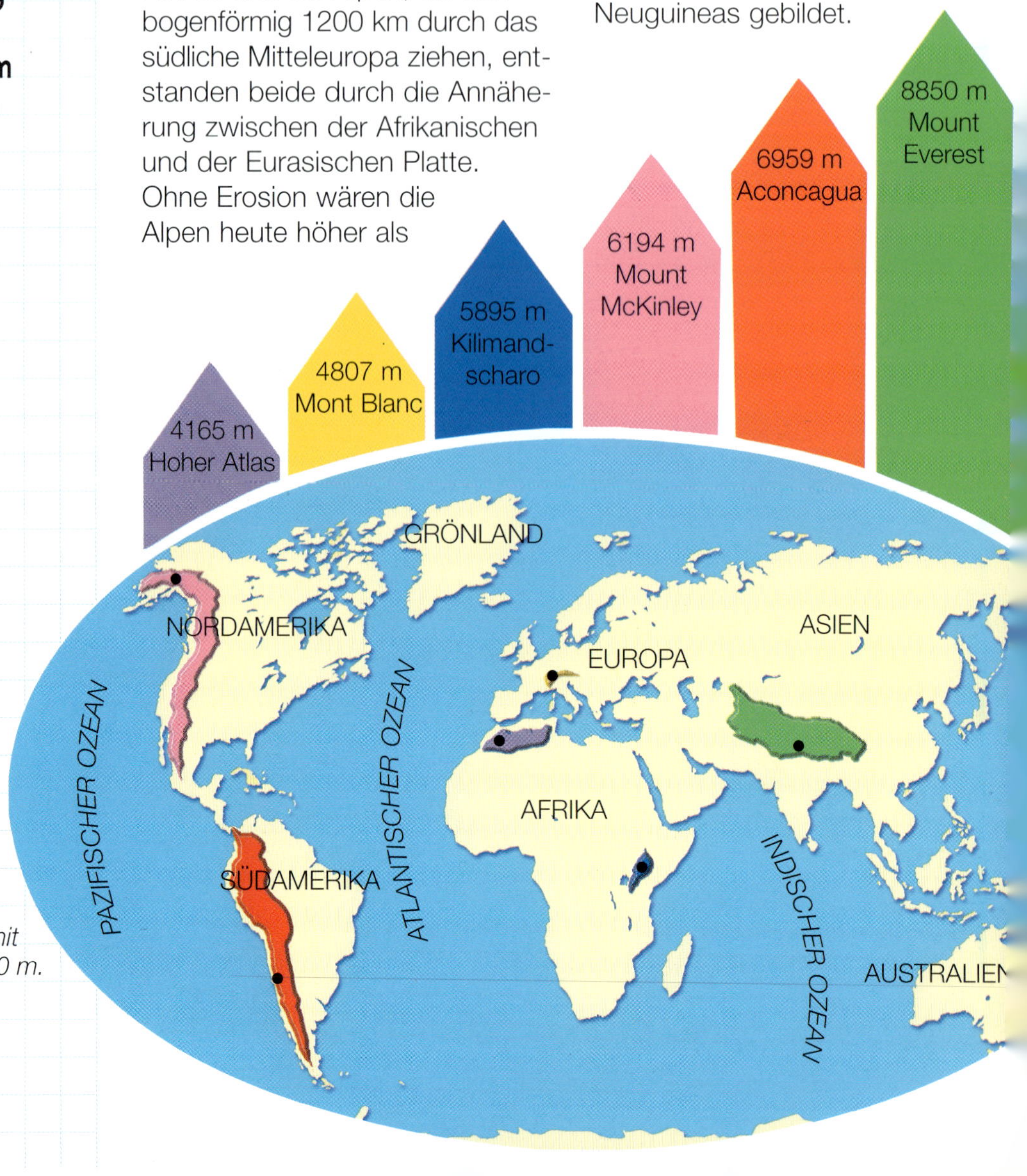

- Himalaja
- Anden
- Rocky Mountains
- Afrika
- Alpen

Die höchste Gebirgskette der Welt, der Himalaja, erstreckt sich über Pakistan, Indien, Nepal, Tibet und Bhutan. Er umfasst 14 Gipfel mit einer Höhe von über 8000 m.

Berge bedecken 1/10 der Kontinente

Das Alter der Berge

Jüngere Gebirgsketten werden von spitzen oder nadelförmigen Gipfeln beherrscht. Dort, wo auf den steilen Hängen das Eis nicht haften kann, sieht man die Falten und Klüfte, die bei der Auffaltung der Erdkruste und durch den Druck der Gesteinsmassen entstanden sind. Die Erosion, die auf die Berge seit ihrer Entstehung einwirkt, ist genauso mächtig wie die Kräfte, die sie nach oben drücken. Dennoch braucht es etwas mehr Zeit, um die Bergkämme zu polieren! Die älteren Gebirge wie das Zentralmassiv in Frankreich, die Appalachen in Nordamerika oder der Ural in Russland sind bereits seit 300 Millionen Jahren der Erosion ausgesetzt. Die aktivste Periode der Bildung der Alpen war vor etwa 5 bis 20 Millionen Jahren. Es wird noch eine Weile dauern, bis der Mont Blanc den Gipfeln der Vogesen gleicht, die so abgerundet sind, dass man sie als „Bälle“ bezeichnet.

Von Abhang zu Abhang

Ob jung oder alt – alle Berge haben ein gemeinsames Merkmal: Zu ihnen gehören Täler, die von Gebirgsbächen ausgehöhlt wurden, und die selbst im härtesten Gestein enge Schluchten bilden. Erhebungen stehen der Sonne im Weg: Der schattige Nordhang ist feuchter als der sonnige Südhang. Von einem Abhang zum anderen gelangt man durch einen mehr oder weniger begehbaren Pass.

Die Gletscher

Ab einer Höhe von 3000 m bleibt der Schnee immer liegen. Er sammelt sich in Spalten, verdichtet sich unter dem eigenen Gewicht und wird zu einer vereisten Masse, zum Firn. Mit der Zeit höhlt der Firn das Gestein in Form einer Mulde aus. Wenn das Gewicht des Eises zu groß wird, gleitet der Firn als langer und breiter Eisstrom abwärts. Mehrere Firne können denselben Gletscher nähren. Der Eisstrom entreißt den Berghängen beim Abgleiten Gesteinsbrocken. Der Schutt, den er so transportiert, ebnet den Boden der Eistäler.

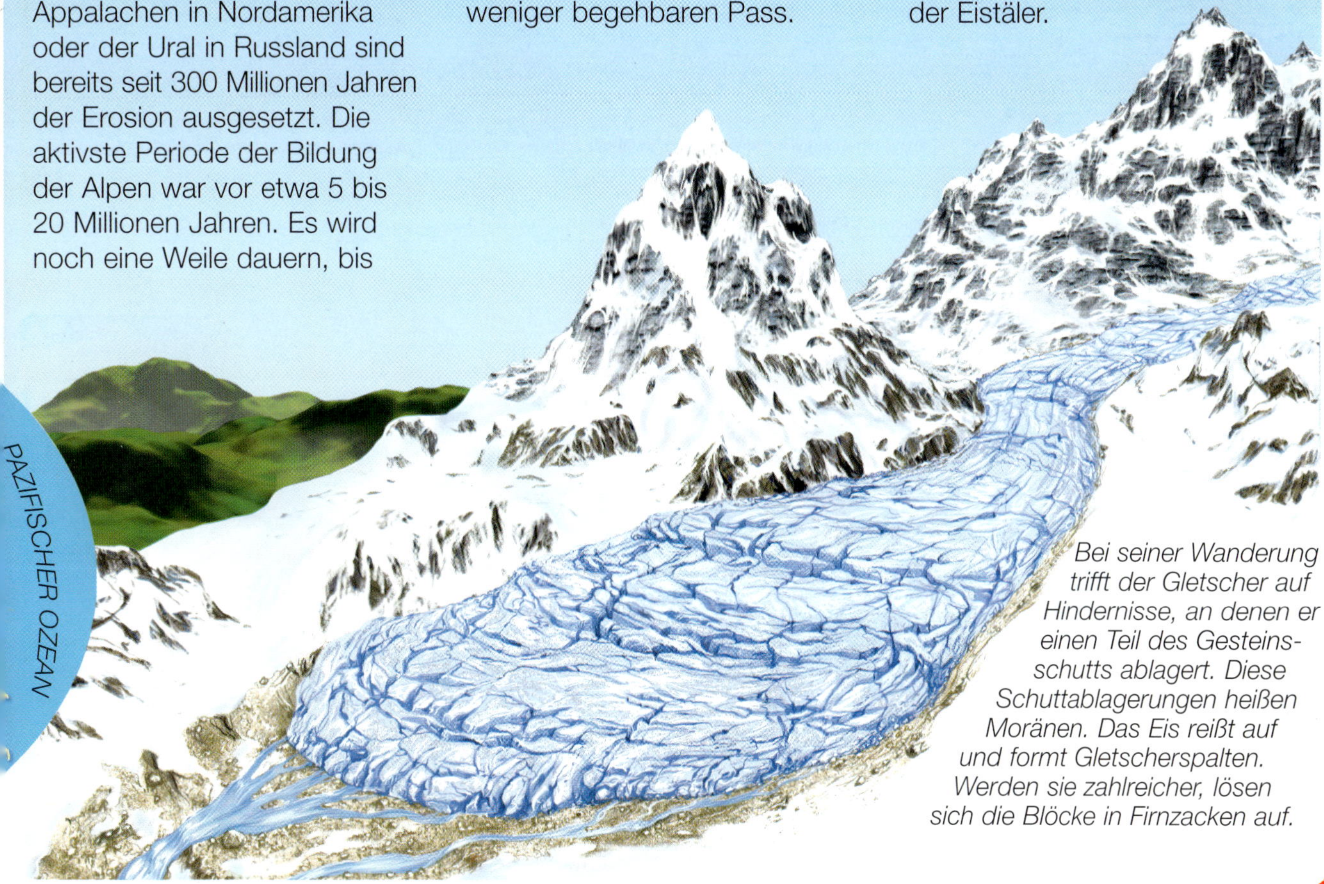

Bei seiner Wanderung trifft der Gletscher auf Hindernisse, an denen er einen Teil des Gesteinsschutts ablagert. Diese Schuttablagerungen heißen Moränen. Das Eis reißt auf und formt Gletscherspalten. Werden sie zahlreicher, lösen sich die Blöcke in Firnzacken auf.

DIE VULKANE

Die Temperatur und der Druck im Inneren der Erde würden ständig ansteigen, wenn nicht die Konvektionsströme dafür sorgten, dass sich Gestein innerhalb des Erdmantels bewegt und schmilzt. Um aber eine Überhitzung und Explosion zu verhindern, muss das Magma, das sich bei der Gesteinsschmelze bildet, ausgestoßen werden: Dies ist die Aufgabe der Vulkanausbrüche. Tritt das Magma aus der Erde aus, bezeichnet man es als Lava. Die erkaltende Lava baut die Vulkanberge auf.

Plattenbewegungen

- Wenn das Magma zur Oberfläche aufsteigt, zerbricht es die tektonischen Platten. Es kann sich dann in die Gräben und Senken ergießen, die durch die aufgebrochenen Platten entstanden sind.
- Ein anderer, sehr gefährlicher Vulkantyp entsteht, wenn eine ozeanische und eine kontinentale Platte zusammenstoßen. Die erste, dichtere Platte schiebt sich unter die zweite. Dieser Vorgang wird Subduktion genannt.
- Manchmal bildet das Magma eine so kraftvolle Mischung, dass es die Platten mittendrin durchbohrt. Es bilden sich so genannte Hot-Spot-Vulkane.

Wird der Druck im Hauptschlot zu stark, bricht der Vulkan aus. Das Magma wird als Lava über den Krater ausgestoßen.

Unter dem Druck öffnen sich Spalten. Der Lavastrom findet neue Ausflussrinnen in den Nebenschloten, die sich öffnen. Manchmal kann die Lava aber nicht abfließen, weil sie zu dick ist. Dann bildet sie einen Pfropf im Hauptschlot. Die Entladung erfolgt explosionsartig.

Da es durch die Erdkruste zurückgehalten wird, sammelt sich das Magma in den Kammern und mischt sich mit Gas und Wasser. Wenn der Druck von Gas und Wasser zu groß wird, steigt das Magma im Schlot an.

Unverzichtbar für das Gleichgewicht der Erde

Beim Ausbruch tritt auch Rauch aus, der aus Gas, Wasserdampf, festen Lavaklumpen – so genannten Bomben – und Asche besteht. Die Akkumulation von erkalteter Lava, Bomben und Asche bildet den Vulkankegel. Das aufsteigende Magma nimmt seinen Weg durch den Schlot.

Manchmal kann das Magma die Oberfläche nicht durchdringen. Es lagert sich zwischen Gesteinsschichten ab und erstarrt.

Verschiedene Ausbruchstypen

Ausbrüche des vulkanischen Typs sind kurz, aber heftig. Der Vulkan stößt vor allem Lavabomben aus.

Bei den **hawaiianischen Ausbrüchen** entstehen abgeflachte Vulkane, weil ihre Lavaströme sehr dünnflüssig sind und sich rasch ergießen.

Die **peléeanischen Ausbrüche** setzen ein Gemisch aus Gas, Lavabomben und glühender Asche frei, das an den Hängen des Vulkans herabfließt und auf seinem Weg alles verbrennt.

Die **strombolianischen Ausbrüche** sondern vor allem Gas und nur wenig Lava ab. Sie können jahrelang andauern.

Bei den **plinianischen Ausbrüchen** wird das Magma zusammen mit Vulkangasen bis zu einer Höhe von 20 km herausgeschleudert. Es fällt als Ascheregen auf die Erde.

Tiefsee-Ausbrüche

Wenn das Magma den Ozeanboden in Höhe der Grabensenken durchbricht, verhindert das Gewicht des Wassers, dass es als Säule aufsteigt. Es ergießt sich in großen Lavakissen.

Schwefelablagerungen entstehen bei Kontakt von Magma und erhitztem Wasser. Sie bilden Rauchschlote (Black Smokers).

DAS ERBE DER VULKANE

Vulkanausbrüche sind gefürchtet: Sie fordern zahlreiche Opfer unter der Bevölkerung, zerstören ganze Städte und können dauerhaft das Klima beeinträchtigen. Sie haben aber auch das Leben auf unserem Planeten ermöglicht, indem sie enorme Mengen an Wasserdampf freisetzten. Außerdem trugen sie zur Bildung der Ozeane, Berge und Inseln bei und formen noch heute die schönsten Landschaften der Erde.

Eine 40 Jahre alte Insel

Die Insel Surtsey vor der Küste Islands entstand am 14. November 1963 nach einem Vulkanausbruch. Schon zwei Tage nach ihrem Auftauchen aus dem Atlantischen Ozean erreichte sie eine Höhe von 45 m. Als der Vulkan 1967 seine Tätigkeit einstellte, war Surtsey 180 m hoch und 1,5 km lang. Sie liegt wie Island über einer 20 000 km langen vulkanischen Senke am Boden des Atlantiks.

Die Geysire

In Vulkangebieten schießt gelegentlich Regenwasser, das in den Boden einsickert, spektakulär als Geysir wieder heraus. Dazu muss es in einer Gesteinsschicht, die an eine Magmakammer angrenzt, auf über 140 °C erhitzt worden sein.

Ein See in einem Krater

Crater Lake liegt in der Vulkangebirgskette der Kaskaden im Westen der USA. Mit 588 m ist es der tiefste See des Landes. Wie schon sein Name andeutet, füllt der See einen Krater, nämlich den des Vulkans Mazama, der bei einer heftigen Explosion vor 7000 Jahren in sich selbst zusammenstürzte. Der Krater mit einem Durchmesser von 10 km füllte sich dann nach und nach mit Regenwasser und geschmolzenem Schnee auf.

Um das Jahr 1000 ließ ein neuer Ausbruch eine kleine Insel im See entstehen.

Spektakuläre Landschaften

Heiße und bunte Gewässer

In den Rocky Mountains in den USA türmte sich die Lava zu einer Dicke von 600 m zum Plateau von Yellowstone auf. Der Vulkanismus ist überall zu sehen: Eine riesige Magmakammer in nur 6 km Tiefe heizt 10 000 heiße Quellen. Die größte füllt das Becken des Prismatic Lake. Er verdankt seine erstaunlichen Farben den hier lebenden Algen und Bakterien.

Nackte Schlote

Manchmal lässt die Erosion nur die Schlote der Vulkane übrig, die sich mit erstarrter Lava füllen. Diese werden Neck genannt. Der Neck von Saint-Michel l'Aiguilhe in Frankreich ist 82 m hoch. Auf ihm thront eine Kapelle.

Basaltorgeln

Der Basalt wird von den Vulkanen in dünnflüssigen Lavaströmen herausgeschleudert. Wenn diese Ströme erkalten, zieht sich die Lava zusammen und reißt in regelmäßigen Linien ein. So entstehen hohe Säulen, die Orgelpfeifen gleichen.

Vulkanketten

Im französischen Zentralmassiv reiht die Bergkette der Puys 80 Vulkane über mehr als 40 km auf. Jeder entstand im Laufe eines einzigen Ausbruchs! Der letzte Ausbruch fand vor 7000 Jahren statt. Die meisten dieser Vulkane haben die Form eines Kegels, dessen Spitze durch einen Krater abgeschnitten wurde. Der 1465 m hohe Puy de Dôme gleicht dagegen eher einer umgedrehten Tasse. Die Lava war so zäh, dass sie den oberen Teil des Schlots verstopfte. Es ist ein Vulkan ohne Krater.

DIE ERDBEBEN

Die tektonischen Platten, in die die Erdkruste aufgeteilt ist, gleiten nicht wie gut geölte Teile. Entlang der Gräben, die die Grenze zwischen zwei Platten markieren, verformt sich das Gestein. Die Spannungen nehmen immer mehr zu, manchmal über Jahrhunderte hinweg. Sie entladen sich wie bei einem Gummiband, das erst stark gespannt und dann plötzlich losgelassen wird. Wenn das Gestein zwischen den Platten zerbricht, reiben sich die Platten heftig aneinander. Erdstöße erschüttern den Boden: ein Erdbeben!

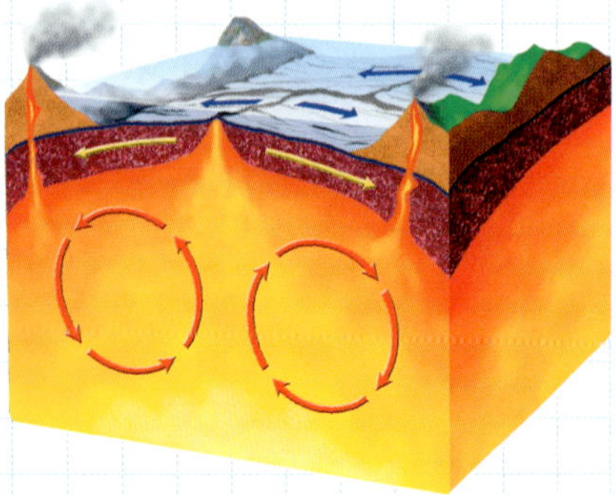

Zusammenprall der Platten

Seebeben sind recht häufig, da sich die Erdkruste am Ozeanboden erneuert, wenn Magma aus dem Erdmantel aufsteigt. Tektonische Platten werden gegen andere gedrückt, wodurch es zu starken Reibungen kommt.

Das Erdbeben in Kobe (Japan) 1995 forderte 5500 Tote und brachte Brücken und Gebäude zum Einsturz.

Verheerende Schwingungen

Nicht alle Erdbeben haben die Zerstörungskraft wie das von Kobe. Entscheidend ist die Stelle des Gesteinsbruchs. Diese Stelle wird Erdbebenherd genannt. Je weniger tief sie liegt, desto verheerender sind die Wirkungen. Auf der Senkrechten zum Herd liegt an der Oberfläche das Epizentrum. Dort wirkt das Erdbeben jeweils am stärksten. Von Herd und Epizentrum aus breiten die seismischen Wellen die durch den Bruch frei gewordene Energie aus. Genau diese Wellen lassen den Boden schwingen. In Kobe bebte die Erde kaum eine Minute lang. Aber das Epizentrum lag nur 30 km von der Großstadt entfernt und der Boden konnte den Wellen keinerlei Widerstand entgegensetzen.

In Kobe brachen sogar Straßen zusammen, die auf Pfeilern standen.

Wenn die Erde bebt

Begleiterscheinungen

Die angerichteten Schäden hängen nicht allein von der Kraft der Wellen ab, die als Stärke des Erdbebens bezeichnet wird. Wenn die Erde bebt, brechen Gasleitungen auseinander, Benzinpumpen schlagen leck und Brände brechen aus. Diese sind nur schwer zu löschen, da auch der Verkehr zum Erliegen kommt. 1906 verwüstete ein Feuer die amerikanische Stadt San Francisco, als sie von einem Erdbeben heimgesucht wurde.

Wenn der Boden nachgibt

Durch seismische Erschütterungen kann sich der Boden verflüssigen. Er geht dann vom festen zum flüssigen Zustand über und wird zu Treibsand. Genau dies passierte in Kobe in einem dicht am Meer liegenden Viertel. Der nur wenig verfestigte Boden wurde flüssig: Nichts konnte die Fundamente der Gebäude mehr halten. Auf Jamaika ging 1692 bei einem Erdbeben die Stadt Port Royal mitsamt ihren Einwohnern unter.

Grundwellen

Wenn ein Erdbeben den Ozeanboden aufreißt, löst es einen Tsunami aus. Das ist eine Riesenwelle, die mit einer Geschwindigkeit von mehr als 700 km/h in wachsender Größe auf die Küste zurollt.

Ein Tsunami kann 30 m hoch werden.

KATASTROPHENVORHERSAGE

Jedes Jahr erschüttern etwa eine Million Erdbeben unseren Planeten. Viele sind vulkanischen Ursprungs, was das Risiko für die Bevölkerung erhöht. Andere sind auf die Bewegungen der tektonischen Platten zurückzuführen. Diese Ausbrüche und Beben der Erde sind weder aufzuhalten noch kann von der Bevölkerung verlangt werden, nicht mehr am Fuß eines Vulkans oder über einem Graben zu siedeln. Oft aber können Überwachung und Vorbeugung verhindern, dass Ausbrüche und Erdbeben tausende von Menschenleben fordern.

Überwachung und Vorhersage

Die aktiven Vulkane sowie die gefährlichsten Gräben werden ständig überwacht. Vor Ort versuchen Vulkanologen und Seismologen Vorzeichen eines bevorstehenden Ausbruchs oder Bebens zu finden.

Der Laser-Geodimeter ① misst eventuelle Veränderungen des Vulkans, die auf einen Anstieg des Magmas hindeuten, was ein Zeichen für einen bevorstehenden Ausbruch wäre. Zur Analyse von Gasen und Lava muss der Vulkanologe bis an den Krater herangehen. Zum Schutz vor den Lavabomben und der extremen Hitze zieht er sich einen speziellen Schutzanzug und einen Helm an.

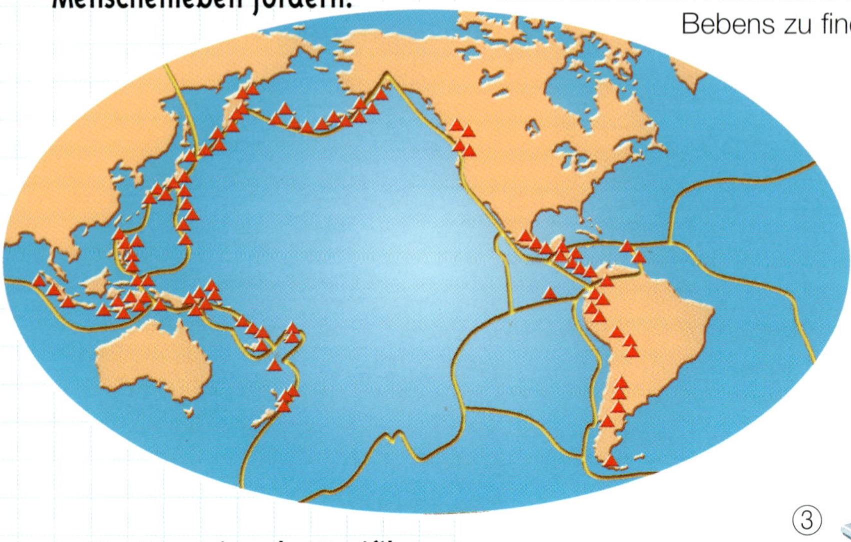

Der Feuerring des Pazifiks

Um den Pazifik herum bilden zahlreiche Vulkane einen gefährlichen Feuerring. Auf der Linie, auf der sich die Pazifische Platte unter die anderen Platten schiebt, entstehen durch den Zusammenstoß immer wieder Erdbeben.

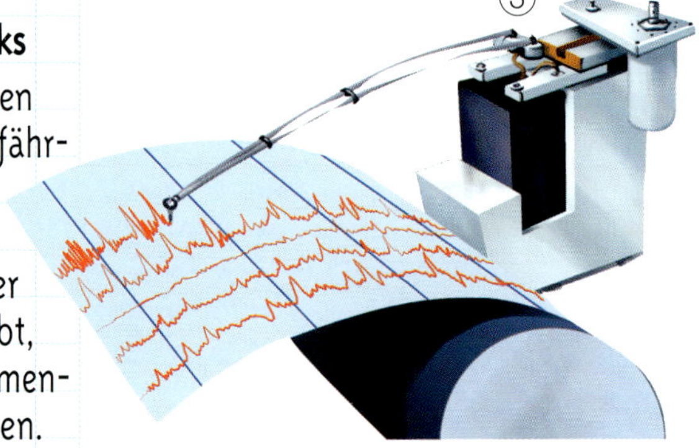

Die Linien, die der Seismograf ③ aufzeichnet, geben die seismischen Aktivitäten wieder. Schwingt die Erde stark, dann schlägt die Nadel immer häufiger und stärker aus. Der Seismograf ist mit anderen Apparaten im Boden oder in der Nähe von Vulkanen verbunden. Damit wird die Stärke, also die durch ein Beben freigesetzte Energie, auf der so genannten Richter-Skala gemessen.

Ein wachsames Auge auf die Erde

Der Extensometer ② misst die Breite der Gräben und registriert die kleinste Bewegung entlang dieser Brüche. Die Informationen werden von Satelliten an die Observatorien rund um die Erde übermittelt.

Dieser ferngesteuerte Roboter ④ kann in tiefe Krater hinabsteigen, wo es für Menschen zu gefährlich wäre.

Alarm!

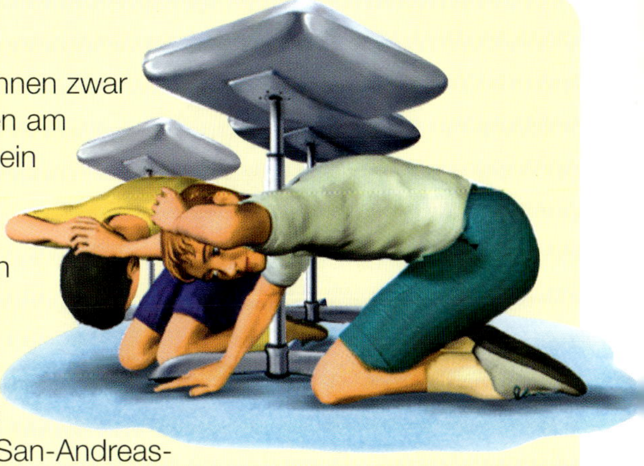

Die Wissenschaftler können zwar angeben, wo die Risiken am größten sind und dass ein Ausbruch oder Beben unmittelbar bevorstehen, aber sie können die Zukunft nicht in einer Glaskugel lesen! In Kalifornien, wo der „Big One" – ein starkes Erdbeben entlang des San-Andreas-Grabens, wo zwei Platten sich reiben – erwartet wird, und in Japan ist die Bevölkerung auf Katastrophen vorbereitet. In den Schulen finden regelmäßig Katastrophenschutzübungen statt. Die Kinder lernen, unter den Tischen Schutz vor einstürzenden Wänden und Decken zu suchen. Zu Hause werden Wasser- und Lebensmittelvorräte angelegt.

Heutzutage kann man erdbebensichere Gebäude bauen. In den Risikogebieten wurden auch strenge Richtlinien für den Bau neuer Gebäude erlassen. Aber die Einhaltung dieser Richtlinien ist sehr teuer. In Izmit (Türkei) starben 1999 bei einem Erdbeben 30 000 Menschen – zum größten Teil, weil diese Richtlinien nicht eingehalten wurden. Das Gleiche gilt für Algerien, wo im Mai 2003 einige Gebäude wie Kartenhäuser über ihren Bewohnern einstürzten.

Spezielle erdbebensichere Bauweisen wie hier bei der Transamerica Pyramide in San Francisco können die Zahl der Toten bei einem Erdbeben enorm verringern. Am Gebäudesockel reduziert ein Dämpfungssystem die Wirkung der Erschütterungen. Miteinander verbundene Mauern verhindern das Einstürzen.

DIE OZEANE

Knapp 300 Millionen Jahre nach ihrer Entstehung war die Erde fast völlig von einem riesigen Ozean bedeckt. Das Wasser stieg über die Vulkane aus dem Erdinneren als Dampf nach oben, der sich dann abregnete. In diesem Urozean tauchten vor 3,5 Milliarden Jahren die Kontinente auf, erstes Leben entwickelte sich. Dieser Urozean ist aber längst verschwunden. Die fünf heutigen Ozeane sind nicht älter als 250 Millionen Jahre.

Der Blaue Planet

Ozeane und Meere bedecken 7/10 der Oberfläche unseres Planeten. Der Pazifik allein nimmt schon ein Drittel der Fläche ein. Er ist doppelt so groß wie der Atlantik. Die Wärme des Indischen Ozeans auf der Südhalbkugel steht im Gegensatz zur Kälte der Eismeere des Südpolarmeers und des Nordpolarmeers, dem kleinsten aller Ozeane.

Hohe Berge

In Küstennähe bildet das Kontinentalschelf die Übergangszone zwischen Festland und Tiefsee. Das Schelf reicht unterschiedlich weit ins Meer hinein (von einigen Kilometern bis zu 900 km im Norden Sibiriens). Es endet abrupt am so genannten Kontinentalabhang, wo der Meeresboden sehr schnell auf 2000 bis 3000 m Tiefe abfällt. Die monotonen Tiefsee-Ebenen bilden den größten Teil des Meeresgrundes. Spektakulärer sind da schon die Ozeanrücken! Diese Tiefseegebirge dehnen sich in den fünf Ozeanen über mehr als 70 000 km aus. Sie erheben sich bis zu 4000 m hoch entlang von Gräben, die mehrere Kilometer breit sind. Durch diese Ozeansenken, die an den Nahtstellen der tektonischen Platten liegen, tritt das Magma aus dem Erdmantel. Nach dem Erkalten bildet es Basaltstreifen.

Tiefe Gräben

Dadurch wird ständig neuer Ozeanboden gebildet. Gleichzeitig verschwinden aber auch Teile des Ozeans, die unter die Kontinente gedrückt werden. In diesen so genannten Subduktionszonen liegen die größten Tiefseegräben. Der Marianengraben im Pazifik ist knapp 11 000 m tief.

Das Salz des Meeres

Je abgeschlossener ein Meer ist, desto höher ist sein Salzgehalt. Das Wasser verdunstet sehr

Ozeane entstehen und verschwinden wieder

Die salzreichsten Zonen sind rot eingezeichnet.

schnell, vor allem in warmen Meeren. Auch im Atlantik finden sich salzreiche Zonen, nämlich dort, wo Hochdruckgebiete, auch Antizyklonen genannt, für hohe Temperaturen sorgen und Niederschläge verhindern. Umgekehrt sind Meere wie die Ostsee mit Übergang zu einem Ozean, die dazu noch in einer regenreichen Zone liegen, relativ salzarm. Der Salzgehalt an den Mündungen großer Flüsse ist ebenfalls geringer. Zwar transportieren auch die Flüsse Salz in Form von Mineralien, die bei der Erosion aus dem Erdgestein ausgespült werden, aber hauptverantwortlich für das Salz im Meer ist das Basalt-Magma. Die Ozeanrücken sind regelrechte Salzmühlen.

Entstehung eines Ozeans

Das Rote Meer im Osten Afrikas ist sozusagen ein Ozean im Entstehen. Unter dem Wasser öffnet sich die Senke und schiebt die Platte, die Arabien trägt, von der Afrikanischen Platte weg. Dieser Riss setzt sich überirdisch in der Region um das Horn von Afrika fort. Im Norden lässt sich eine Gegenbewegung beobachten. Je weiter die Afrikanische Platte auf Europa zudriftet, desto kleiner wird das Mittelmeer. In 10 bis 15 Millionen Jahren werden vom Mittelmeer nur noch wenige, dafür aber sehr salzreiche Becken übrig geblieben sein.

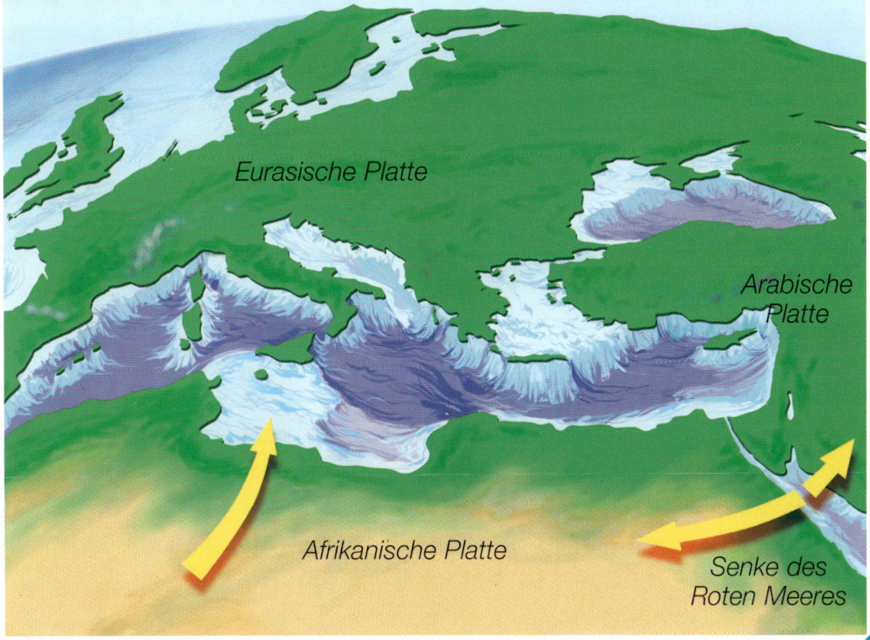

DIE MEERESSTRÖMUNGEN

Die enormen Wassermassen der Ozeane werden nicht nur durch den Wellengang an der Oberfläche hin und her bewegt, sondern folgen auch mächtigen Meeresströmungen unter der Oberfläche. Diese Meeresströmungen spielen eine bedeutende Rolle für das Klima unseres Planeten und für das Leben im Meer.

Die Entstehung der Strömungen

An den Polen ist das Wasser gefroren und sehr salzreich. Es ist dadurch so schwer, dass es nach unten sinkt und in einer Tiefe von 2000 bis 3000 m kalte Ströme bildet. Nahe des Äquators ist das Wasser warm und salzärmer. Es bleibt daher an der Oberfläche, wo es durch heftige Winde bewegt wird.

Der Golfstrom

Dass Palmen und Mittelmeerpflanzen in Südengland und in der Bretagne heimisch wurden, ist dem Golfstrom zu verdanken. Dieser warme Strom entsteht in der Karibik, wo das Wasser eine Temperatur von 24–26 °C hat.

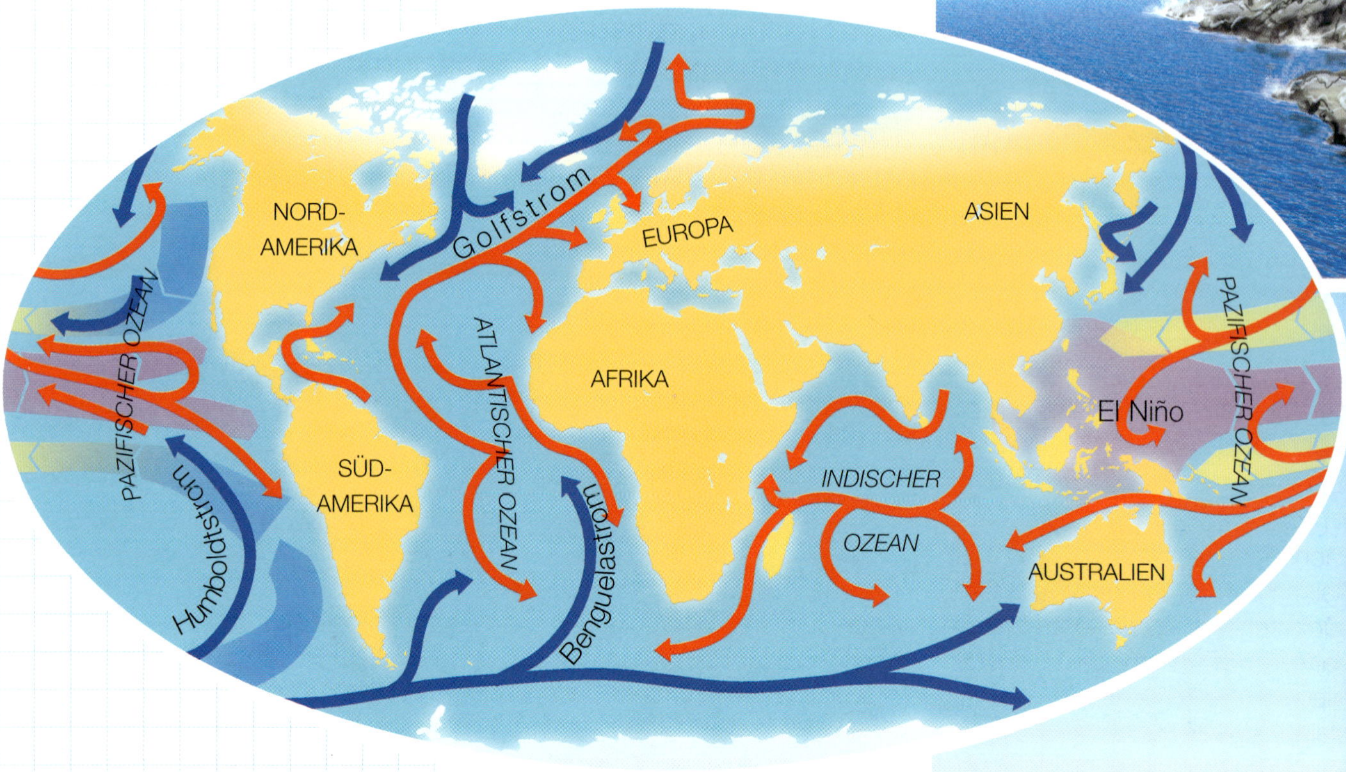

Der Kreislauf der Ozeane

Die warmen Ströme an der Oberfläche (rot) und die kalten in der Tiefe (blau) bilden zusammen einen großen, weltumspannenden Kreislauf. Die Erdrotation leitet die polaren Ströme zum Äquator, und zwar auf der Nordhalbkugel nach rechts und auf der Südhalbkugel nach links. Unterwegs erwärmen sie sich und steigen auf. Auf der Höhe des Äquators ist der Ablauf entgegengesetzt. Das warme Wasser an der Oberfläche wird durch Winde zu den Polen getrieben, wo es mit zunehmender Abkühlung nach unten sinkt.

Unterirdische Flüsse

Entlang der amerikanischen Küste treibt der Golfstrom zum Nordatlantik, wo er sich in drei Teile aufspaltet. Eine dieser Teilströmungen wird nach Westeuropa geleitet. Wenn sie sich mit dem kaltem Wasser vermischt, gibt sie Wärme an die Atmosphäre ab.

Der Benguelastrom

Dieser Strom transportiert kaltes Wasser von der Antarktis bis vor die Küsten Namibias und Angolas in Afrika. Er kühlt die Luft über der Namibwüste ab, wodurch ein dichter Nebel entsteht. Dieser Nebel ist die einzige Feuchtigkeitsquelle in dieser regenarmen Region. Der kalte Benguelastrom führt sehr viel Plankton mit sich und ist daher sehr fischreich. Deshalb kommen sogar Ohrenrobben und Wale bis in diese Küstenregionen!

El Niño

Dieser Strom bildet sich im Pazifik zum Glück nur alle 2 bis 7 Jahre, denn er dreht die normalen Strömungsrichtungen im Pazifik um. Das warme Oberflächenwasser fließt nun von Asien nach Südamerika. An der südamerikanischen Küste bringt daher El Niño unwetterartige Niederschläge, in Asien dagegen bleibt der übliche Monsunregen aus. Durch die Trockenheit steigt die Brandgefahr.

Tiefsee-Autobahnen

Die Meeresströmungen sind für die Meerestiere regelrechte transozeanische Autobahnen. So können Schildkröten, die an den Stränden Südamerikas geboren werden, mühelos die Küsten Afrikas erreichen, weil sie sich von den Meeresströmungen forttragen lassen. Auch die großen Fische und Meeressäuger benutzen diese Strömungen für ihre jährlichen Wanderungen, weil hier reichlich Nahrung vorhanden ist. Denn dort, wo kaltes, sauerstoffreiches Wasser und warmes Wasser aufeinander treffen, vermehrt sich das pflanzliche Plankton besonders stark. Es zieht Krabben, Quallen und Tintenfische an, von denen sich diese Meeresbewohner ernähren.

WELLEN UND GEZEITEN

Die Geräusche des Ozeans werden von den Wellen verursacht: je nach Stärke der vom Wind bewegten Wellen vom Plätschern bis zum Tosen. Der Brandung mit ihren Hin- und Rückbewegungen entspricht der Wechsel von Ebbe und Flut. Anhand dieses regelmäßig wechselnden Wasserstandes an den Küsten lassen sich die Wechselwirkungen von Erde, Sonne und Mond beobachten.

Die Entstehung der Wellen

Die Wellen entstehen auf hoher See durch den Wind. Dieser muss eine Mindestgeschwindigkeit von 4 Knoten (etwas mehr als 2 m/s) haben, damit die Reibung mit dem Wasser ein Kräuseln auf der Oberfläche ausbildet. Diese kleinen Wellen blähen sich wie Segel auf, während der Wind weiter gegen sie stößt. So überträgt der Wind die in der Luft enthaltene Energie an die Wasserteilchen. Je länger und stärker der Wind auf einer großen, weiten Fläche bläst, desto mächtiger werden die Wellen. Die Wellenbewegungen wirken aber nur an der Wasseroberfläche; darunter bleibt alles ruhig.

Die Wanderung der Wellen

Nach ihrer Bildung beruhigen sich die Wellen erst einmal. Sie transportieren die aufgestaute Energie in der Dünung weiter, wie die Wellenbewegung ohne Einfluss des Windes auf der Oberfläche genannt wird. Erst in Küstennähe, wenn die Meerestiefe abnimmt, wird die Wellenbewegung wieder stärker. Die Wasserteilchen können sich nicht mehr drehen, die Welle wird größer, überschlägt sich und setzt ihre Energie frei.

Wenn die Wellen auf die Küste zurollen, werden sie vom ansteigenden Meeresboden aufgehalten und verkürzen sich. Sie laufen aufeinander zu. Zugleich gewinnen sie aber an Höhe. Sie bäumen sich bis zu einem bestimmten Punkt auf und brechen dann zusammen, wobei sich die Heftigkeit nach der Uferform richtet.

Die Rhythmen der Ozeane

Der Gezeiten-Kalender

Bei Vollmond, wenn Mond, Erde und Sonne auf einer Linie stehen, wirken sich die Gezeiten sehr stark aus. Man spricht dann von hohen Tiden oder Springfluten.

Im ersten und dritten Mondviertel wird die Anziehung des Mondes durch die der Sonne geschwächt. Diese schwachen Gezeiten werden Nipptiden genannt.

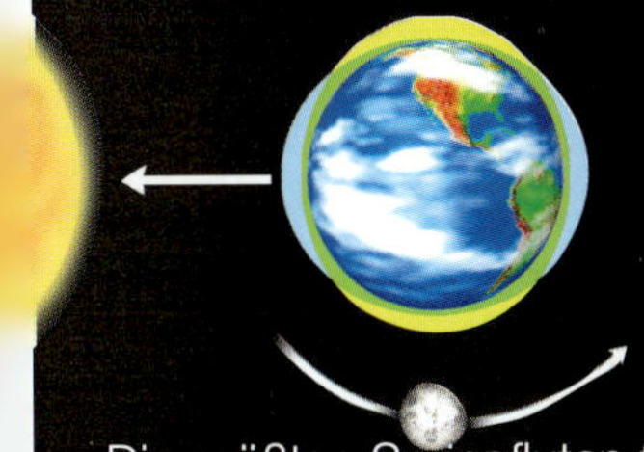

Die größten Springfluten finden bei Neumond statt, wenn die Anziehung des Mondes durch die der Sonne verstärkt wird.

Unter dem Einfluss der Gestirne

Mond und Sonne beeinflussen die Oberfläche der Meere, indem sie deren Wasser anziehen. Daraus entstehen die Gezeiten, d.h. an den Küsten wechseln ein- bis zweimal am Tag Ebbe und Flut miteinander ab, was sich unmittelbar auf das Leben an der Küste auswirkt.

Landschaft bei Ebbe

Landschaft bei Flut

Da der Mond der Erde näher ist, wirkt sich seine Anziehung stärker aus. Der Wasserstand hängt daher vor allem von seiner Position auf der Erdumlaufbahn ab. Sein Maximum wird bei Neumond erreicht. Im weiteren Verlauf des Monats nimmt er ab und steigt dann wieder an.

Ungleiche Verteilung der Gezeiten

Ebbe und Flut sind nicht überall gleich ausgeprägt. Sie fallen im offenen Meer wie auch in den eher abgeschlossenen Meeren wie z.B. dem Mittelmeer eher schwach aus.

Umgekehrt steigt das Wasser in den Buchten an bestimmten Küsten sehr rasch an und zieht sich bei Ebbe sehr weit zurück. Wenn das Gefälle mehrere Meter beträgt, kann man sehr schnell in eine gefährliche Situation geraten!

Gefährliche Boren

Die Auswirkungen der Gezeiten sind auch in den Flussmündungen zu spüren. Sehr starke Fluten können hohe Wellen weit in die Flüsse hineindrücken. Diese Wellen werden Springwellen oder Boren genannt. In den Mekong in Vietnam dringt jedes Jahr eine 14 m hohe Bore ein!

Die Bore ist eine hohe Welle, die bei Flut plötzlich in den Fluss eindringt.

MEERESLANDSCHAFTEN

Dieselben Kräfte, die die Oberflächenformen der Kontinente geschaffen haben, wirken auch inmitten der Ozeane. Durch die tektonischen Plattenbewegungen und den Vulkanismus entstehen Inseln. Vom Moment ihrer Entstehung an sind diese von Wasser umgebenen Landflächen den Kräften des Meeres ausgesetzt. Es flutet in jede freie Fläche und trägt die Küsten ständig ab. Mit der Ablagerung von Sand und Kies gestalten die Wellen die Küsten der Inseln genauso wie die der Kontinente.

Grönland liegt am Rande des Nordpolarmeers, auf demselben Sockel wie Kanada. Dazwischen liegt die Labradorsee. Grönland ist die größte Insel der Welt. Eine dicke Eiskappe bedeckt fast die gesamte Oberfläche.

Vulkanische Inseln

Die 132 Inseln des Hawaii-Archipels im Pazifischen Ozean sind die Gipfel der höchsten Vulkane der Welt. Der noch immer aktive Mauna Loa erhebt sich vom Ozeangrund aus 9170 m hoch! Der Krater des Lehua (rechts im Bild) ist ein erloschener Vulkan und nur etwa halb so hoch. Die Hawaii-Inseln sind alle von einem Hot Spot aus entstanden: Wie eine heiße Nadel durchbricht hier das Magma die ozeanische Platte. Da sich die Pazifische Platte verschiebt, entstand nicht ein einziger Vulkan, sondern eine ganze Kette, die sich auf über 4000 km erstreckt.

Kontinentale Inseln

Die französische Insel Korsika im Mittelmeer gehört zum europäischen Kontinent. Sie wurde durch die Zusammenstöße zwischen Eurasischer und Afrikanischer Platte davon abgetrennt. Stellenweise brach der kontinentale Sockel ab und das Meer überspülte die tiefer gelegenen Flächen.

Das Bora Bora-Atoll in Polynesien dürfte vor 7 Millionen Jahren entstanden sein.

Atolle

Atolle sind tropische Inseln in Form eines Ringes, die nur wenig über die Wasseroberfläche hinausragen. Sie entstehen, wenn ein unterseeischer Vulkan sich über die Wasseroberfläche schiebt. Zunächst entsteht eine hohe Insel, um die herum kleinste Meerestierchen, die

Inseln – Land inmitten von Wasser

Die Felsküsten

Die Küsten des Ärmelkanals sind berühmt für ihre weißen Kreidefelsen. In Étretat in Frankreich sind sie 80 bis 90 m hoch und bilden eine fast gerade Linie. Das Meer untergräbt hier den weichen Stein an seinem Fuß. Ist dieser genügend ausgehöhlt, bricht ein Teil des Felsens weg. Mit einem Schlag wird die Küste um einen oder mehrere Meter zurückgeschoben. Vor ihr bleiben einige Felsteile stehen, die von Wellen, Regen und Wind zu Felsnadeln oder Felsbögen geformt werden.

Bei Ebbe kann man unter dem 90 m hohen Felsbogen von Manne Porte an der nordfranzösischen Küste spazieren gehen.

Die Fjorde

In Norwegen dringt das Meer bis zu 200 km ins Landesinnere vor. Der Sognefjord, der größte Fjord des Landes, wurde von prähistorischen Gletschern gegraben. Diese haben die Berge bis zu 2000 m tief eingeschnitten. Nach dem Abschmelzen der Gletscher vor etwa 12 000 bis 14 000 Jahren überflutete das Meer die Talmulde auf einer Breite von 4 bis 5 km.

Polypen, Korallenriffe bauen. Senkt sich nun die tektonische Platte, die den Vulkan trägt, versinkt auch die Insel, bis nur noch der Gipfel zu sehen ist. Das tiefere Gebiet zwischen Gipfel und Korallenriff wird nun vom Meer überflutet: Es entsteht eine Lagune.

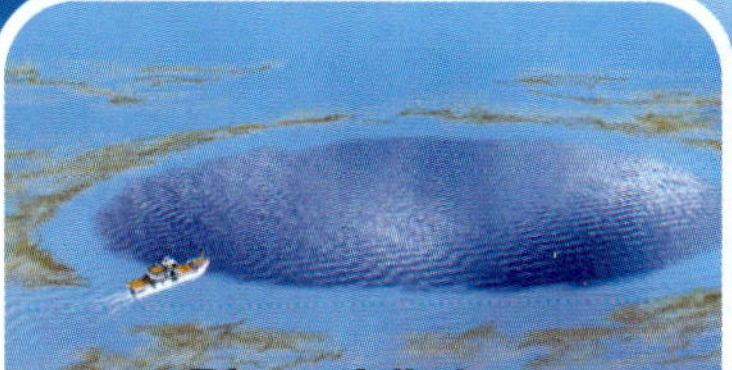

Blaue Löcher

Ein intensiv blau gefärbter Kreis im Meer weist auf eine Unterwasserhöhle hin, deren Kalkdecke eingestürzt ist und die vom Meer überflutet wurde. Vor Belize in der Karibik deutet ein Kreis mit 400 m Durchmesser auf die 145 m große Unterwasserhöhle Blue Hole hin.

MEERESFORSCHUNG

Millionen begeisterter Zuschauer entdeckten 1956 mit dem Film »Welt der Stille« von Jacques Cousteau und Louis Malle die bis dahin unbekannten Schönheiten der Tiefsee. Seither hat die Erforschung der Meere große Fortschritte gemacht. Die Wissenschaftler konnten ihre Kenntnisse zur Biologie der Meeresorganismen vertiefen, die Entstehung der Ozeane erforschen und geschichtliche Spuren anhand von Schiffswracks und versunkenen Städten verfolgen.

Die Halley-Glocke

Der Astronom Edmond Halley erfand 1690 die erste funktionsfähige Tauchglocke. Sie war aus Holz. Halley atmete durch einen Schlauch, der mit Fässern verbunden war, welche komprimierte Luft enthielten. Er blieb 75 Minuten unter Wasser.

Unter Wasser atmen

Bei der Erforschung der Ozeane stellt sich zunächst das Problem des Atmens unter Wasser. In der Antike benutzten die Römer einen mit Luft gefüllten Ledersack, der mit einem Schlauch mit der Wasseroberfläche verbunden war. Heute kann man mit einem Schnorchel unmittelbar unter der Wasseroberfläche schwimmen. Sobald man aber tiefer tauchen will, wird der zunehmende Wasserdruck zum Problem. Die Luft wird verdichtet (komprimiert), weshalb der Taucher nicht mehr normal atmen kann. Er braucht Luft mit demselben Druck, der über Wasser herrscht. Bis ins 20. Jahrhundert hinein wurde diese Luft nach unten gepumpt. Der Taucher war auf Verbindungsschläuche angewiesen. Seit 1933 trägt er auf seinem Rücken Flaschen mit Pressluft. Ein Atemregler reguliert den Luftdruck. Jacques Cousteau verbesserte diese Atemgeräte, sodass sich die Taucher bis in eine Tiefe von 40 m frei bewegen können. Bei Tauchgängen bis zu 250 m wird die Pressluft durch ein spezielles Gemisch ersetzt, um einer Gasvergiftung vorzubeugen. Für Tiefen von 250 bis 500 m empfehlen sich Panzertauchgeräte. Sie sind völlig wasserdicht und beschwert, um zu verhindern, dass der Taucher wie ein knallender Sektkorken zu rasch hinaufschießt!

Welt der Stille

Druckausgleich

Um Unfälle aufgrund der Druckänderungen zu verhindern, muss der Taucher den Aufstieg in mehreren Etappen bewältigen. Je tiefer er getaucht ist, desto langsamer muss er aufsteigen. Jenseits einer Tiefe von 500 m ist aufgrund des Wasserdrucks, der Kälte und der Dunkelheit Tauchen nicht mehr möglich. Die Ingenieure haben deshalb Unterwasser-Forschungsboote entwickelt. Der Ozeanograf Auguste Piccard (Vorbild für Professor Balduin Bienlein in den Tim und Struppi-Comics), entwickelte 1960 das Tiefseetauchboot *Trieste*. Sein Sohn Jacques erforschte damit den 10 916 m tiefen Marianengraben.

Um in sehr große Tiefen vordringen zu können, verbringen die Ozeanforscher einen mehrtägigen oder gar mehrwöchigen Aufenthalt in Senkkästen, so genannten Caissons, in denen die Druckverhältnisse unter Wasser nachgeahmt werden.

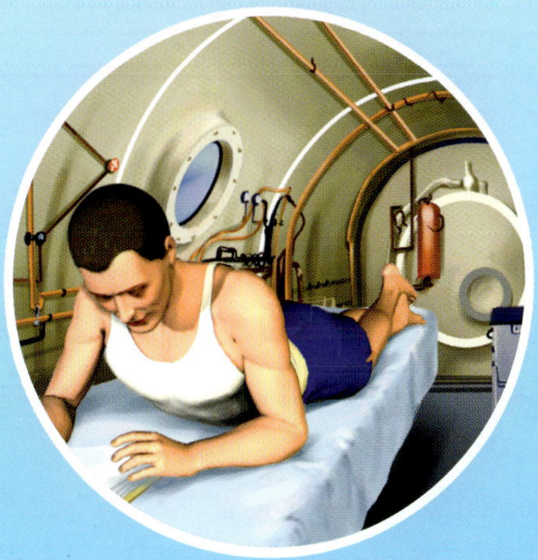

1977 entdeckte das amerikanische Tauchboot *Alvin* die ersten Black Smokers in 2500 m Tiefe vor den Küsten von Galapagos. Das Boot kann bis zu einer Tiefe von 4500 m tauchen. Mit *Alvin* wurde auch das Wrack der *Titanic* entdeckt, das seit 1912 in 3900 m Tiefe in den eisigen Gewässern des Nordatlantiks auf dem Grund liegt. Die Erforschung der *Titanic* regte die Entwicklung des französischen Tauchbootes *Nautile* an, das bis 6000 m tauchen kann. Um aber unzugängliche Teile des Passagierdampfers zu filmen oder Gegenstände zu bergen, benutzten die Wissenschaftler ferngesteuerte Roboter. Dank dieser Maschinen scheinen der Untersuchung der Ozeane kaum noch Grenzen gesetzt. Man schätzt, dass 98 % des Ozeanbodens erforscht werden können.

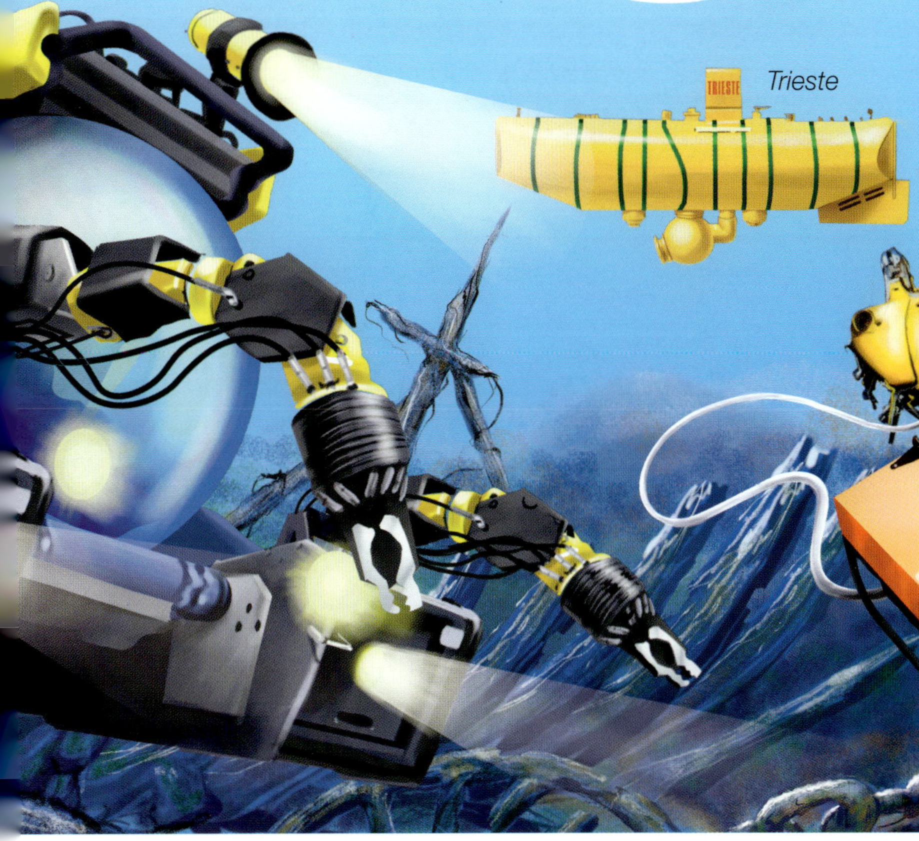

Trieste

Nautile

DER WASSERKREISLAUF

Die Gesamtmenge an Wasser hat sich auf unserem Planeten seit der Bildung dieses kostbaren Gutes nicht verändert. Jeder Wassertropfen, der aus einer Quelle austritt oder aus einem Brunnen sprudelt, beginnt wieder von Neuem eine lange Reise. Diese führt ihn vom Himmel bis in die Tiefen der Erde, mal als leichter Wasserdampf, mal als Eis sowie natürlich als Regen! Gleich in welcher Form: Wasser spendet Leben und spielt eine wichtige Rolle für das Klima auf der Erde.

Das Süßwasser, das wir trinken, macht weniger als 3 % des gesamten Anteils an Wasser auf der Erde aus. Darüber hinaus ist es nicht einmal überall in den gleichen Mengen vorhanden. In den Wüstenländern muss es unter der Erde gesucht werden, aber selbst Brunnen sind dort rar!

Das auf der Oberfläche der Kontinente fließende Wasser fällt als Regen oder Schnee vom Himmel. Dieser Niederschlag speist die Gletscher und Flüsse, die sich zu großen Strömen vereinen und ins Meer münden. Dort wendet sich das Schicksal des Wassertropfens. Unter der heißen Sonne wandelt

Das Wasser sickert in den Boden ein, bis es auf eine undurchlässige Schicht stößt, die es zurückhält. Hier sammelt es sich als unterirdisches Grundwasser. Nach einigen Tagen oder gar erst nach Jahren kommt es als Quelle wieder zum Vorschein.

Eine endlose Reise

er sich in Wasserdampf um. Diese Verdunstung geschieht im Wesentlichen über den Ozeanen, aber auch über den Kontinenten. Bei der Verdunstung verliert der Wassertropfen sein Salz und steigt zum Himmel hinauf. Dort bildet er mit anderen Tropfen die Wolken und zieht um die Erde. Da es hoch oben kälter ist, wird er wieder flüssig. Dieser Vorgang wird Kondensation genannt. Wenn die Tropfen in der Wolke zu schwer geworden sind, kehren sie als Regen oder Schnee zur Erde zurück.

Ein Teil des Wasserkreislaufs ist unsichtbar, da er unterirdisch abläuft: Regenwasser, das nicht in einen Fluss gelangt, sickert in den Boden ein.

Eisvorräte

Mehr als zwei Drittel des Süßwassers befinden sich in den Gletschern der Hochgebirge und vor allem in den dicken Eiskappen der Pole, die die Antarktis und Grönland bedecken. Ein Wassertropfen, der dort als Schnee vom Himmel fällt, bleibt in diesen kaum zugänglichen Reservoirs zwischen zehn und mehreren tausend Jahren gefangen.

Wasser aus der Urzeit!

Unterirdisch reichert sich das Wasser mit Mineralsalzen an, die in den Gesteinen enthalten sind. Die Menschen bezeichnen dieses Wasser als Mineralwasser und schreiben ihm heilende Wirkung zu. Auf jeden Fall haben einige dieser Wasser eine lange Geschichte. Es wurde errechnet, dass das Wasser aus der Quelle von Luchon in den Pyrenäen seit 20 000 Jahren im Untergrund lagert.

DIE EROSION

Nachdem die Plattentektonik und der Vulkanismus erst einmal die Formen der Erde in ihren groben Zügen gestaltet haben, leistet auch das Wasser seinen Beitrag. Um ihr Bett zu schaffen, graben sich die Wasserläufe tief in die Gesteinsmassen ein und glätten mit ihren Kieselsteinen den Boden der Täler. Am Ende ihrer langen Reise lagern sie ihre Last dann in den Ebenen ab. Das Regenwasser ist für die Feinarbeit zuständig: Es löst Gestein auf wie ein Stück Zucker!

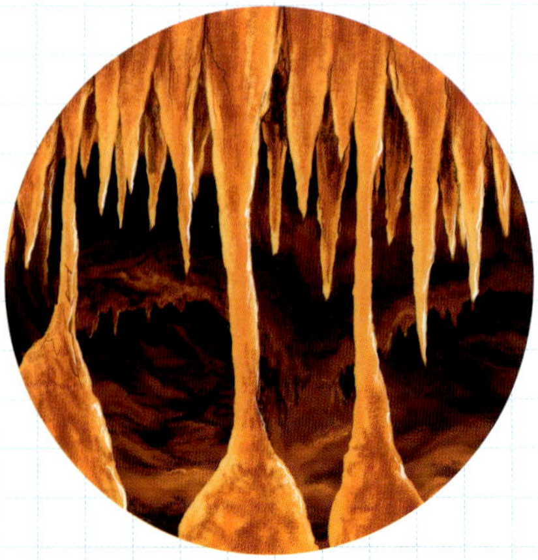

Das säurehaltige Regenwasser löst das Kalkgestein auf, wodurch Höhlen entstehen. Durch das von der Decke tropfende Wasser lagert sich wieder Kalk ab, der von der Decke herunterwachsende Stalaktiten bildet. Die Wassertropfen, die auf den Boden spritzen, formen dagegen nach oben wachsende Stalagmiten.

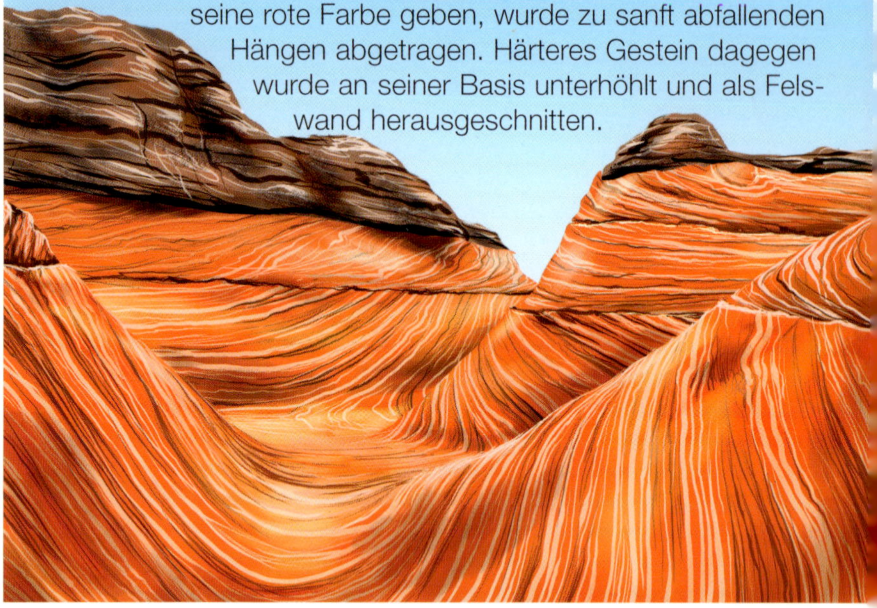

Die Schluchten des roten Flusses

In den USA haben der Colorado und seine Nebenflüsse in das Colorado-Plateau spektakuläre Schluchten geschnitten. Die bekannteste unter ihnen, der Grand Canyon, ist bis zu 1500 m tief und 5 bis 30 km breit. Ihre Form erhalten die Canyons durch das aus den Gesteinen austretende Wasser sowie aus der ungleichen Beschaffenheit des Gesteins. Das weiche Gestein, dessen Sedimente dem Fluss seine rote Farbe geben, wurde zu sanft abfallenden Hängen abgetragen. Härteres Gestein dagegen wurde an seiner Basis unterhöhlt und als Felswand herausgeschnitten.

Die „frisierten Damen"

Diese auch als „Feenschlote" bekannt gewordenen Gesteinsformationen in den französischen Alpen stehen in einst von den Gletschern abgelagerten Moränen. Regen und Schneeschmelze haben die Bergkämme in sehr tonhaltigem Gelände ausgewaschen. Die härtere Schicht, die „Haube" dieser „Damen", verhinderte eine vollständige Abtragung. Sollte sie fallen, bricht alles in sich zusammen.

Eine kunstvolle Abtragung

Weit verzweigte Deltas

Je stärker das Gefälle ist, desto stärker ist die Strömung und desto mehr Schlamm, Kies, Kieselsteinen und Sand transportiert der Fluss. Nähert er sich aber dem Meer, verliert er in den Küstenebenen an Schwung. Durch die schwache Strömung lagert er nun seine Sedimente ab. Diese türmen sich zu Sandbänken und kleinen Inseln auf. Der Fluss kann nun nicht mehr geradeaus fließen: Er teilt sich in mehrere Arme, die ein fächerförmiges, sumpfiges Delta bilden, durch das er nun gemächlich in Richtung Meer fließt.

Bäder aus Kalkstein

In Pamukkale in der Türkei sprudelt das Wasser mit einer Temperatur von 40 °C an die Oberfläche. Dieses heiße Wasser ist sehr reich an Kalk, das sich unter der Erde darin gelöst hat. Nach seinem Austritt lagert es den Kalk auf seinem Weg zum Fluss wieder ab. Dabei entstehen an den Hängen des Berges Auffangbecken von blendend weißer Farbe.

Mäandrierende Flüsse

Wenn Flüsse im Gebirge auf zu hartes Gestein treffen, überspringen sie das Hindernis und bilden Wasserfälle. In den Ebenen dagegen nehmen sie einen Umweg, der Mäander ① genannt wird. Aber diese Biegungen bremsen die Strömung des Flusses, der in der Kurveninnenseite dazu neigt, seine Sedimente abzulagern. Im Laufe der Zeit schließt sich die Biegung und der Fluss sucht sich einen direkteren Weg. Der aufgegebene Mäander wird nun zu einem Altarm ②, in dem das Wasser steht und schließlich verdunstet.

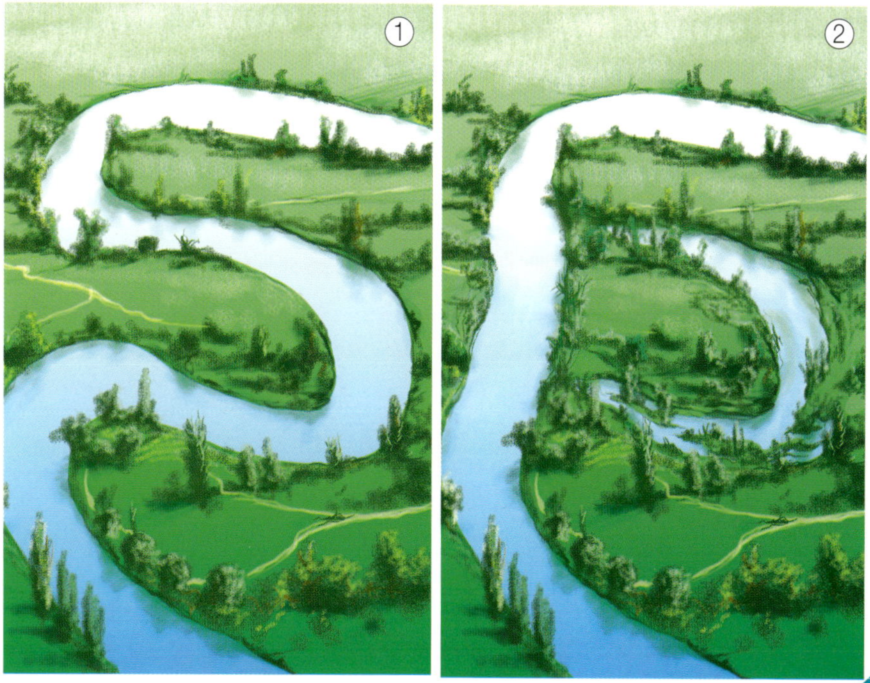

STRÖME, FLÜSSE UND SEEN

Die Netzwerke von Flüssen und Seen um die großen Ströme herum, die Flusseinzugsgebiete genannt werden, bedecken fast die Hälfte der Oberfläche der Kontinente. Aber dieses Oberflächenwasser macht nur 0,3 % des gesamten Süßwassers auf unserem Planeten aus. Dennoch stellt dieser kleine Anteil die Hauptquelle zur Versorgung der Bevölkerung dar, die sich an den fruchtbaren Ufern der Flüsse und Seen niedergelassen hat.

Mit einer Höhe von 3812 m ist der Titicacasee in den Anden der höchst gelegene schiffbare See der Welt. Die bolivianischen und peruanischen Uferbewohner befahren ihn mit Binsenbooten. Mit einer Fläche von 8340 km² ist der Titicacasee der Rest eines alten Binnenmeeres, das vor 15 000 Jahren das Altiplano bedeckte.

Die Breite des Amazonas

Der Amazonas wird auch „Meeresstrom" genannt, da er bei seiner Mündung mit unzähligen Armen und Inseln eine Breite von 100 km erreicht. Sein Süßwasser, das weit ins Meer eindringt, und das Salzwasser, das durch die Gezeiten bis zu 1000 km flussaufwärts gelangt, lassen sich kaum noch voneinander trennen. Aber der Amazonas bietet noch weitere Rekorde: Mit 7000 km ist er der längste Fluss der Welt und wird von 1100 Nebenflüssen gespeist. Er entspringt in den peruanischen Anden und mündet in den Atlantik. Sein riesiges Einzugsgebiet ist 20-mal so groß wie Deutschland.

Die Tiefen des Baikalsees

Mehr als 300 Wasserläufe münden in den Baikalsee in Südsibirien. Aber nur ein einziger Fluss tritt wieder aus dem See aus: der Angara. Der 700 km lange und bis zu 70 km breite Baikalsee enthält ein Fünftel des weltweiten Vorrats an Süßwasser in flüssiger Form. Dieses enorme Reservoir ist zugleich mit 1620 m der tiefste See der Welt. Die für einen See sehr ungewöhnliche Tiefe erklärt sich dadurch, dass er eine Senke füllt, die durch den Einbruch der Erdkruste infolge der Kontinentalverschiebung entstanden ist. Der Baikalsee vergrößert sich auch heute noch.

Kleinere, aber verfügbare Mengen

Der heilige Ganges

Dieser indische Fluss mit einer Länge von 2478 km entspringt im Himalaja. Sein für die Hindus heiliges Wasser transportiert 1 Million Tonnen Sedimente am Tag. Der fruchtbare Schlamm vergrößert ständig das Delta, das der Ganges zusammen mit dem Brahmaputra bildet.

Teufelsfälle

Der Iguaçu ist eigentlich ein kleiner Fluss in Südamerika. Aber er hat an der Grenze zwischen Brasilien und Argentinien die schönsten Wasserfälle der Welt geschaffen. Er teilt sich mitten im Urwald in 275 Wasserfälle, die einen Halbkreis bilden. An einem Ende des Halbkreises, in der so genannten Teufelsschlucht, stürzt das Wasser 72 m tief hinab, bevor es in einen Canyon dringt und in den 10-mal so breiten Paraná einmündet.

Der fruchtbare Nil

Ohne den Nil wäre Ägypten eine Wüste. Der Fluss legt bis zur Mündung ins Mittelmeer 6671 m zurück. Damit ist er der zweitgrößte Fluss der Welt. Da das Flusswasser stark verdunstet, ist der Nil oft sumpfig und hat in der Regel nur eine schwache Strömung. Aber jeden Sommer füllt er sich mit dem Regenwasser aus den Bergen, aus denen er kommt. Vor dem Bau des Assuan-Staudamms trat er in großer Breite über seine Ufer und lagerte entlang seines Bettes fruchtbaren Schlamm ab. Dieses jährliche Hochwasser war die Voraussetzung für die Hochkultur der Pharaonenzeit.

Kurzlebige Flüsse

In den Wüsten heißen die Flüsse Wadis. Sie sind meist ausgetrocknet und führen nur dann Wasser, wenn gewittrige Regenschauer auf den Höhenzügen niedergehen. Diese Schauer und das dadurch verursachte Hochwasser treten selten, aber mit großer Gewalt auf.

DIE ATMOSPHÄRE

Die Atmosphäre legt sich wie eine Schutzhülle um die Erde. Die Gase in der Atmosphäre filtern die Sonnenstrahlen. Sie werfen die für uns gefährlichen Strahlen in den Weltraum zurück und lassen nur die durch, die das Leben auf der Erde ermöglichen. Die Sonnenstrahlen wärmen die Regionen um den Äquator und die Pole verschieden stark auf. Auch der Luftdruck ist nicht überall gleich. Diese Unterschiede verursachen die Bewegungen in der Atmosphäre.

Die Entstehung der Atmosphäre

Nach der Entstehung der Erde haben Vulkanausbrüche durch den Ausstoß von Kohlendioxid und Wasser eine Atmosphäre geschaffen, die das Leben überhaupt erst möglich machte. Etwa 4 Milliarden Jahre lang füllte dieses Wasser als Regen den Urozean, in dem die Algen den für das Atmen notwendigen Sauerstoff produzierten.

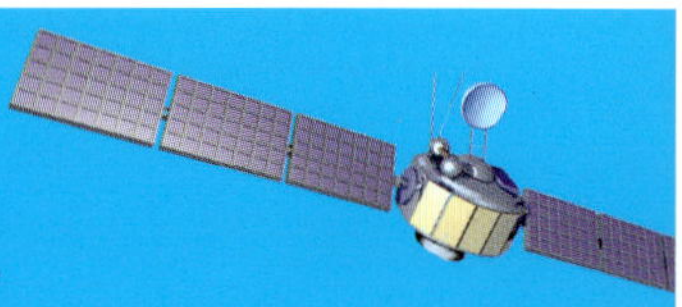

Die Schichten der Atmosphäre

Die insgesamt 600 km dicke Atmosphäre besteht aus mehreren Schichten. Die Gaskonzentration nimmt mit zunehmender Höhe ab. Über einer Höhe von 130 km ist sie so gering, dass es keine Reibungsverluste mehr gibt. Dies ist die Mindesthöhe, um künstliche Satelliten in eine Umlaufbahn zu bringen. In dieser Thermosphäre, die in einer Höhe von 80 km beginnt, erreicht die Temperatur bis zu 2000 °C, da hier die Sonneneinstrahlung sehr stark ist. Sie sinkt auf etwa 0 bis – 90 °C in der Mesosphäre ab, die sich in einer Höhe zwischen 50 und 80 km erstreckt, da die Sonnenstrahlung von der darüber liegenden Schicht teilweise zurückgeworfen wird. In der bis 50 km Höhe reichenden Stratosphäre schwankt die Temperatur zwischen 0 und – 50 °C. Die Ozonkonzentration ist hier sehr hoch. Dieses Gas spielt eine große Rolle bei der Filterung der ultravioletten Strahlen, die den Sonnenbrand verursachen. 90 % der Atmosphärenmasse konzentriert sich schließlich in der Troposphäre, die bis zu einer Höhe von 12 km reicht. Hier entstehen die Wolken und Unwetter. Unsere Atemluft entstammt dieser Schicht. Sie besteht vor allem aus Stickstoff und Sauerstoff. Die Troposphäre, die über den Polen etwas dünner ist (8 km), hält die Erde warm. Über der Atmosphäre erstreckt sich zwischen einer Höhe von 600 km und 800 km die Exosphäre.

Exosphäre
600 km
Thermosphäre
80 km
Mesosphäre
50 km
Stratosphäre
12 km
Troposphäre

Eine Lufthülle um die Erde

Die Bewegungen der Luft

Die Luftmassen zirkulieren in vertikaler Richtung. Die kalte Luft (blaue Pfeile) ist schwerer und sinkt ab. Die warme Luft (rote Pfeile) ist leichter und steigt auf. Aber es gibt auch horizontale Bewegungen: Die kalten Luftmassen ziehen von den Polen zum Äquator, die warmen in umgekehrter Richtung. So entstehen atmosphärische Strömungen, die unter dem Einfluss des Windes zwischenzeitlich verwirbelt werden. Sie werden durch die Erddrehung abgelenkt, und zwar auf der Nordhalbkugel nach rechts und auf der Südhalbkugel nach links (gelbe Pfeile).

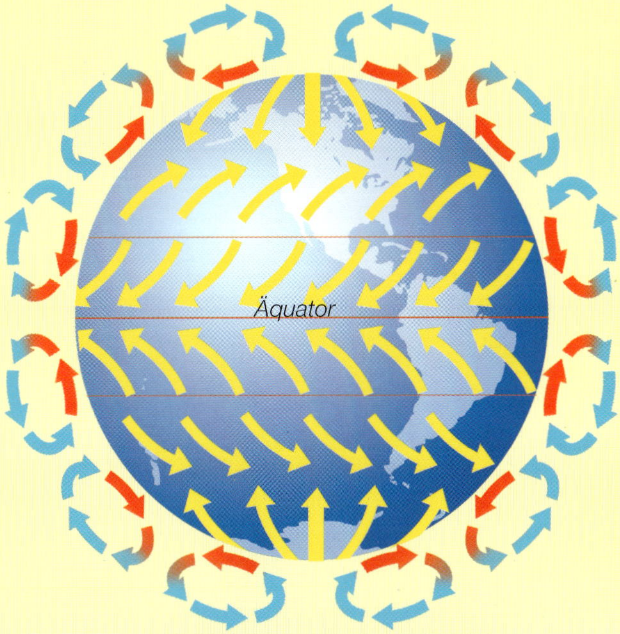

Die Entstehung der Winde

Die Winde entstehen durch Unterschiede des Luftdrucks, den die Luftmassen auf den Boden ausüben. Je kälter die Luft ist, desto höher ist ihr Druck. Sie sinkt ab und wärmt sich dabei auf, wodurch der Druck geringer wird und die Luft wieder aufsteigt. Der Wind ist also nichts anderes als sich bewegende Luft. Die Beaufort-Skala misst die Windstärke.

Windstärken

0
Windstille

3
15 km/h, schwache Brise

7
60 km/h, steifer Wind

9
85 km/h, Sturm

11
112 km/h, orkanartiger Sturm

12
über 200 km/h, Orkan

SCHÖNES WETTER

Nicht alle Gebiete der Erde werden in gleicher Weise von der Sonne beschienen. Die Sonneneinstrahlung hängt zum einen von der Position der Sonne gegenüber der Erde ab. Zum anderen verändert sie sich aber auch in Abhängigkeit von der Zirkulation der Luftmassen um den Planeten. Wenn sich ein Hochdruckgebiet bildet, auch Antizyklon genannt, hat die davon beeinflusste Region die besten Aussichten auf Sonnenschein und klaren Himmel.

Verschiedene Einfallwinkel der Sonne

Weil die Erde rund und gegenüber der Sonne geneigt ist, treffen die Sonnenstrahlen nicht überall auf die gleiche Weise auf ihre Oberfläche. Rund um den Äquator fallen sie nahezu senkrecht ein. Ihre Energie ist hier am stärksten zu spüren. An den Polen dagegen streifen sie nur den Boden. Die beschienene Fläche ist größer, aber die Energie ist schwächer. Deshalb ist es hier auch kälter. Der Einfallwinkel der Sonne und damit auch die Wärme ändert sich im Laufe des Jahres auch für den gleichen Ort.

Schönes Wetter nach einem Regen

Das Sonnenlicht setzt sich aus vielen Farben zusammen. Wenn die Sonne ziemlich tief am Horizont steht und einen noch regennassen Himmel bescheint, brechen tausende von Regentröpfchen das Licht und werfen es als Regenbogen zurück.

Der Treibhauseffekt

Die Atmosphäre lässt nur die Hälfte der Sonnenstrahlung zur Erde durch. Die nur mäßig aufgeheizte Erdoberfläche gibt Wärme an die Atmosphäre zurück. Aber ein Teil der Wärmestrahlung der Erde wird durch Wolken und atmosphärische Gase wie das Kohlendioxid (rote Pfeile) zurückgehalten. Dadurch kann eine Durchschnittstemperatur von 15 °C an der Erdoberfläche erreicht werden. Ohne diesen natürlichen Treibhauseffekt wären es nur –18 °C!

Ein Teil der Sonnenstrahlung wird direkt von den Wolken und dem Boden wieder reflektiert.

Hochdruck kündigt einen klaren Himmel an

Hochdruck

Die Atmosphäre wird durch die Anziehungskraft dicht an die Erde gedrückt. Sie übt einen Gesamtdruck von 5 Billiarden Tonnen aus. Aber der Druck richtet sich nach den Bewegungen der Luftmassen. Diese Unterschiede misst das Barometer. Als Einheit wird Hektopascal benutzt, abgekürzt hPa. Der normale Druck der Atmosphäre beträgt 1013 hPa. Geht er über dieses Maß hinaus, wird Hochdruck angezeigt: In der Höhe bildet sich ein so genannter Antizyklon oder einfacher gesagt: ein Hochdruckgebiet. Eine dicke trockene Luftschicht drückt auf die Oberfläche. Die Luft sinkt ab und strömt seitlich über die Ränder des Hochs aus. Dabei vertreibt sie die Wolken. So lange diese Absinkbewegung anhält, bleibt der Himmel klar und sonnenbeschienen.

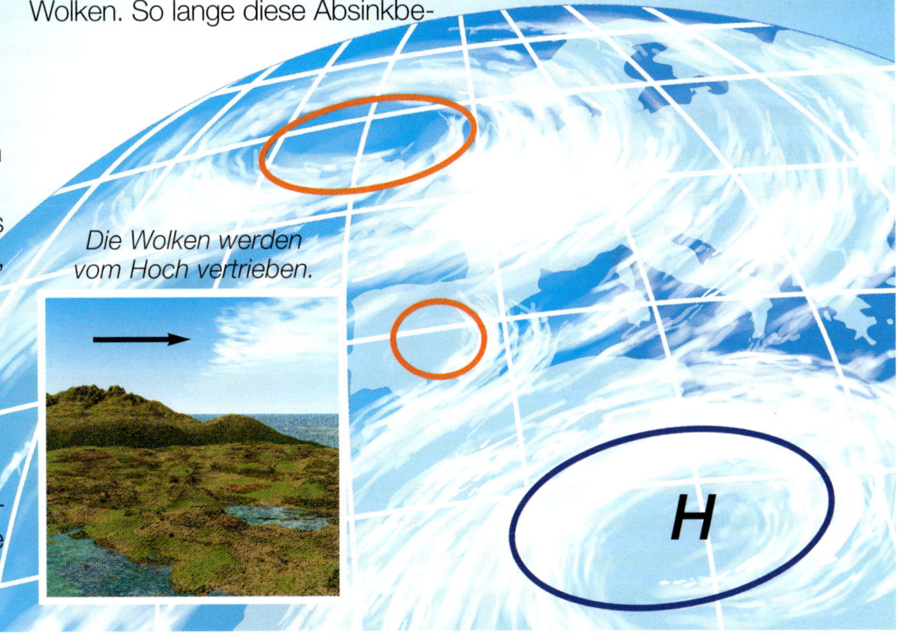

Die Wolken werden vom Hoch vertrieben.

Licht und Schatten

Verschiedene Oberflächen, die der gleichen Sonneneinstrahlung ausgesetzt sind, speichern die Wärme in unterschiedlicher Weise. Ihre Fähigkeit, die von der Sonne ausgesandte Energie aufzunehmen, hängt von ihrer Beschaffenheit ab.

Der Wald

Unter dem Laub der Bäume ist es selbst im Sommer kühl. Die Blätter lassen nicht alle Sonnenstrahlen durch. Aber sie reflektieren nur 10 bis 25 % der erhaltenen Energie. Nahezu alles andere benutzen sie zu ihrer Ernährung und ihrem Wachstum.

Das Meer

Das Meer ist ein weiterer Wärmespeicher und spielt daher eine bedeutende Rolle für das klimatische Gleichgewicht unseres Planeten. Es reflektiert nur 5 bis 10 % der Sonnenstrahlung. Ebenso wie die Bäume benutzen auch die Algen die Energie für ihr Wachstum.

Die Wüste

Tagsüber verbrennt der von der Sonne aufgeheizte Sand die Füße und blendet. Da keine Vegetation vorhanden ist, wird ein Viertel bis zur Hälfte der Sonneneinstrahlung wieder zurückgeworfen. Dies erklärt auch, warum es nachts in der Wüste so kalt ist.

Der Schnee

Der Schnee blendet genauso wie der Sand. Er reflektiert bis zu 90 % der Sonnenstrahlen. Weil die Sonnenstrahlen an den Polen in einem ganz flachen Winkel auf den Schnee treffen, nimmt er dort noch weniger Energie auf, schmilzt nicht so schnell und es ist kälter.

SCHLECHTES WETTER

Wenn der Zeiger des Barometers unter 1013 hPa fällt, deutet dies auf eine Tiefdruckzone hin, eine so genannte Depression. Am Himmel ziehen Wolken auf. Ein geübtes Auge kann anhand ihrer Form und ihrer Bewegung die Wolken voneinander unterscheiden und voraussagen, welche Dauersprühregen bringen und welche verheerenden Hagel ankündigen. Jede Minute fällt aus den Wolken eine Milliarde Tonnen Wasser auf die Erde.

Die Wolken

Wenn durch den Zusammenprall von warmen und kalten Luftmassen eine atmosphärische Störung entsteht, kündigt sie sich durch hohe Wolken an: zuerst durch Zirrus-, dann durch Kumuluswolken. Sie sind die Vorboten der Altokumuluswolken, die uns den Dauerregen bringen. In ihrem Schlepptau haben sie höhere Wolken, die für den Platzregen verantwortlich sind, denen einzelne Aufheiterungen folgen.

Zirruswolken zwischen 5000 und 10 000 m Höhe kündigen kalte Luftmassen an.

Zirrokumuluswolken sind kleine, dünne Wolken, so genannte Schäfchenwolken.

Altostratuswolken bilden in einer Höhe zwischen 2000 und 7000 m einen leichten Dunstschleier.

Kumulonimbuswolken, die wie ein Amboss aussehen, erstrecken sich zwischen 1000 und 16 000 m Höhe. Sie bringen Regen und manchmal auch ein Gewitter.

Kumuluswolken sind rundliche Wolken zwischen 5000 und 10 000 m Höhe.

Die flachen und grauen Stratuswolken verhängen tagelang den Himmel. Aus ihnen fällt Sprühregen oder auch Schnee.

Bei Tiefdruck steigt die warme Luft nach oben. Da die Wärme die Verdunstung ankurbelt, ist die Luft mit Wasserdampf angereichert. Diese feuchtwarme Luft kühlt sich in der Höhe ab. Der Wasserdampf kondensiert in feinen Tröpfchen. Solange feuchtwarme Luft aufsteigt, bilden sich Wolken.

Tiefdruck bringt Regen

Regen

In den Wolken legen sich die Wassertröpfchen um die Staubteilchen in der Luft und werden größer. Dehnt sich die Wolke nach oben aus, bilden sich Eiskristalle. Sie werden zu schwer und fallen zur Erde. Dabei schmelzen sie zu großen Wassertropfen.

Nebel

Nebel ist eine Wolkenschicht, die sich dicht über dem Boden bildet, vor allem morgens, wenn die Sonne den feuchten Boden erwärmt. Die Feuchtigkeit verdunstet, aber der Wasserdampf steigt nicht so hoch, weil die Luft nicht sehr warm ist. Der Nebel löst sich mit zunehmender Temperatur auf.

Tau und Glatteis

Nachts kühlt der Boden ab. Der Wasserdampf kondensiert als Tautropfen. Fällt die Temperatur unter 0 °C, frieren diese Tropfen zu Reif. Auf einem sehr feuchten Boden bilden sich in der Kälte Eiskristalle: das Glatteis.

Hagel

Hagelkörner sind Eiskugeln von 0,5 cm bis zu 5 cm Durchmesser, die aus Kumulonimbuswolken fallen. In diesen sehr großen Wolken ist der untere Teil warm, der obere aber sehr kalt. Eine aufsteigende Strömung transportiert die Wassertropfen nach oben, wo sie gefrieren.

Schnee

Damit die Wassertropfen zu Schneekristallen werden, muss die Temperatur unter 0 °C liegen. Die Kristalle haben jeweils eine sechseckige Grundform und fügen sich zu Flocken zusammen. Sie fallen nur dann als Schnee zur Erde, wenn dort die Temperatur unter 2 °C liegt.

Achtung, Lawinengefahr!

Mit steigender Temperatur erhöht sich die Lawinengefahr in den Bergen. Schmilzt ein Teil der Schneeschicht, dann löst sich eine Lawine. Lawinen bewegen sich langsam (zwischen 30 und 50 km/h) in ziemlich genau abgegrenzten Bahnen. Aber ihr Gewicht ist enorm.

EXTREME WETTERPHÄNOMENE

Hoch- und Tiefdruckgebiete gehören zum meteorologischen Alltag. Manchmal aber neigt die Zirkulation der Luftmassen zu Turbulenzen. Die Temperatur- und Druckunterschiede zwischen kalter und warmer Luft sind so groß, dass sie bei einer Begegnung heftig aufeinander prallen. Dann kommt es zu Gewittern, Tornados oder Wirbelstürmen. Für die betroffenen Menschen kommt noch erschwerend hinzu, dass solche heftigen Entladungen von starken Winden und sintflutartigen Regenfällen begleitet werden.

Gewitter

Bei sehr großer Hitze wird der Unterschied zwischen der Temperatur am Boden und derjenigen der Luft in der Höhe so groß, dass sich gigantische Wolken bilden: die Kumulonimbuswolken. Sie werden von warmen, aufsteigenden und kalten, absinkenden Luftströmungen angetrieben. Dadurch entstehen heftige Winde und Wassertropfen und Eiskristalle stoßen gegeneinander. Ihre Reibung erzeugt Elektrizität, die sich in einem Blitzstrahl zum Boden hin entlädt.

In der Bahn des Blitzstrahls erhitzt sich die Luft sehr heftig; Blitze durchzucken den Himmel. Der Donnerknall wird durch die plötzliche Ausdehnung der Luft verursacht.

Tornado

Der Tornado ist die zerstörerischste Wettererscheinung. Am häufigsten kommt er in den USA vor. Ein Tornado entsteht unter riesengroßen Kumulonimbuswolken, wenn der atmosphärische Druck sehr niedrig ist. Die warme Luft wird sehr heftig in einem Wirbel mit einem Durchmesser von 10 bis maximal 200 m zu den Wolken hochgezogen. Die Winde können eine Geschwindigkeit von 500 km/h erreichen. Der Tornado reißt auf seinem Weg alles mit sich; 30 Minuten später ist alles wieder vorbei.

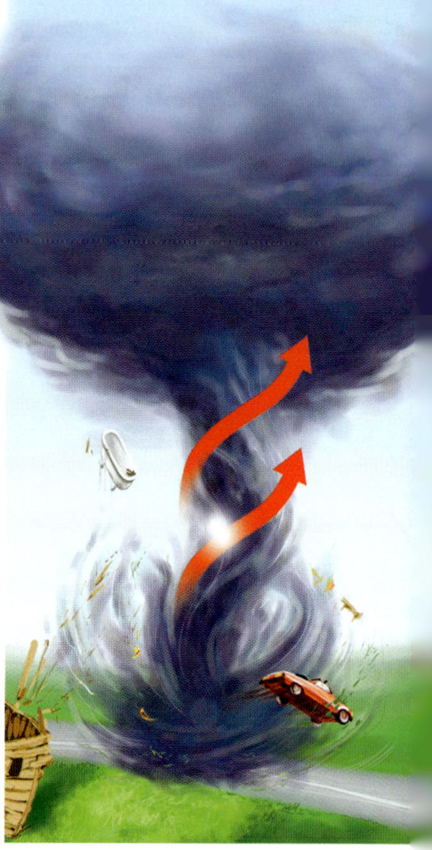

Wenn die Atmosphäre tobt

Wirbelsturm, von einem Satelliten aus gesehen

Wirbelstürme

In Nordamerika und in der Karibik heißen sie Hurrikans, in Asien Taifune und in Australien Willi-Willis. Ein Wirbelsturm entsteht über den tropischen Meeren, wenn die Wassertemperatur 27 °C erreicht. Die mit Feuchtigkeit gesättigte warme Luft steigt in kräftigen Strömungen auf und beschleunigt sich mit zunehmender Anreicherung von Wasserdampf. Die Winde mit der Stärke 12 werden durch die Erddrehung abgelenkt und ziehen Wolken in einem Wirbel mit sich. Je schneller sich der Wirbel dreht, desto stärker werden die Wolken vom Zentrum fortgerissen, wo Windstille herrscht. Dieses Zentrum wird auch das Auge des Wirbelsturms genannt. In seinem Umfeld gehen sintflutartige Regenfälle nieder. Wirbelstürme lösen sich auf, wenn sie das Festland oder kältere Meeresgebiete erreichen: Sobald sie nicht mehr von feuchtwarmer Luft gespeist werden, verlieren sie ihre Energie.

Überschwemmungen

Die Regenfälle, die Gewitter und Wirbelstürme begleiten, lassen die Flüsse über ihre Ufer treten. Diese Überschwemmungen sind umso gefährlicher, je plötzlicher sie auftreten. Der Monsunregen, der auf einige Monate beschränkt ist, überschwemmt jedes Jahr die tiefer gelegenen Gebiete in Indien und Bangladesch.

Trockenheit

Wenn über Wochen hinweg keine ausreichende Menge an Regen fällt, erschöpfen sich die Wasservorräte und die Pflanzungen verdorren. In trockenen Ländern kann der Regen manchmal jahrelang ausbleiben. Wegen der Trockenheit kommt es dann zu dramatischen Hungersnöten.

WETTERVORHERSAGE

Für viele Berufszweige spielen Wettervorhersagen eine große Rolle: Ein Landwirt vermeidet das Risiko, seine Ernte durch Regen zu verlieren, und ein Fischer fährt nicht aufs Meer hinaus, wenn ein Unwetter droht. Lange Zeit waren die Menschen auf die Zeichen der Natur angewiesen. Heute können sie mit hoch entwickelten Instrumenten das Wetter bis zu einer Woche im Voraus vorhersagen.

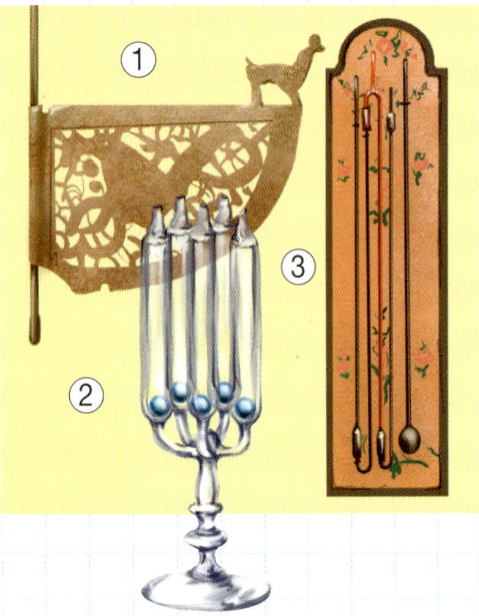

Ältere Instrumente

Seit etwa 300 v. Chr. gab die Wetterfahne ① an, woher der Wind weht. Im 16. Jahrhundert zeigte die Bewegung von gefärbten Kugeln ② in wassergefüllten Röhren die Temperatur an. Die Erfindung des Barometers ③ im Jahr 1644 brachte den endgültigen Fortschritt.

Beobachten und messen

Bevor man die Entwicklung des Wetters vorhersagen kann, müssen sehr komplexe Erscheinungen in der Atmosphäre beobachtet und gemessen werden. Die Windrichtung lässt sich durch den Windsack ① und die Wetterfahne ② ablesen. Das Anemometer ③ misst die Windgeschwindigkeit; dabei dreht der Wind Schalen aus Metall, die Stärke der Drehung wird auf einer Skala gemessen. Stärke und Windrichtung weisen auf eventuelle Turbulenzen in der Atmosphäre hin. Zum Messen des atmosphärischen Drucks wird ein Barometer ④ benutzt, das der italienische Physiker Torricelli im 17. Jahrhundert erfand. Er wies

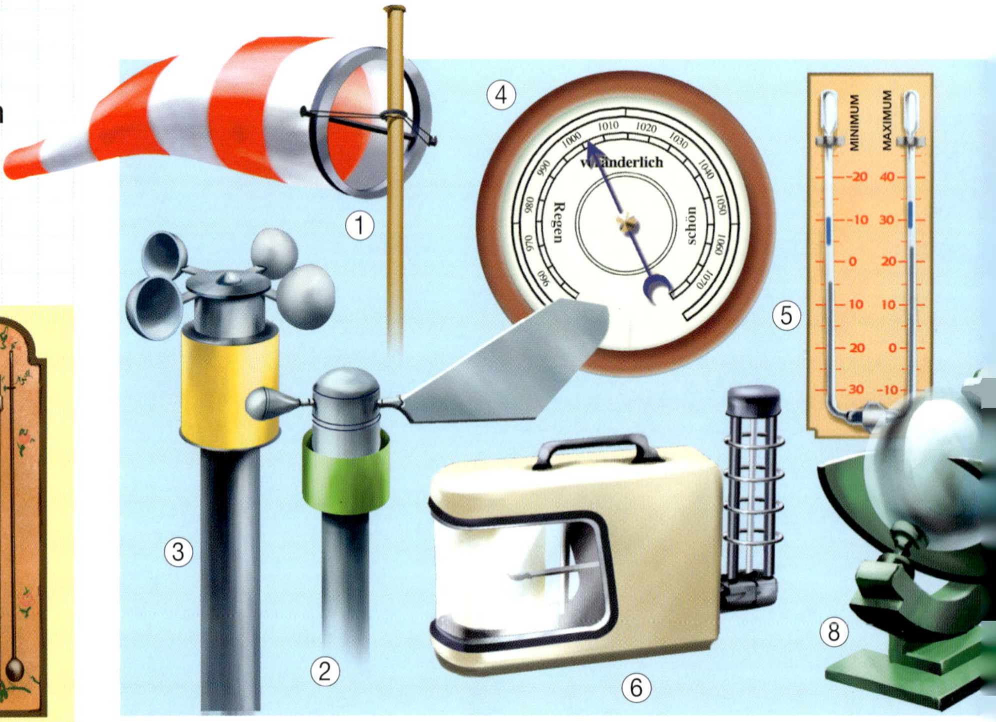

Wetterstationen

In Wetterstationen, die wie Briefkästen aussehen, sind Barometer, Thermometer und Hygrometer geschützt vor Sonne, Wind und Regen in einer Höhe von 1,50 m angebracht. Daneben sammelt das Pluviometer ⑦ die Niederschläge in einem Behälter, der mit einer Skala versehen ist. An ihr kann man die Niederschlagsmenge ablesen. Der Heliograf ⑧ zeichnet die Sonnenscheindauer eines Tages mithilfe einer Glaskugel auf. Ein Radargerät ⑨ vervollständigt die Messinstrumente. Es gibt Auskunft über die Entwicklung der Wolken und sucht nach Niederschlägen in einem Umkreis von 200 km. Befinden sich die Instrumente in der Nähe einer Wetterwarte, dann werden sie von einem Meteorologen abgelesen, ansonsten werden die Daten automatisch zum nächsten meteorologischen Zentrum übermittelt.

Bis zu einer Woche im Voraus

nittels der Schwankungen von)uecksilber in einem Glasröhrchen ıach, dass auch Luft ein Gewicht ıat. Nach diesem Prinzip funktioıiert das Barometer: Der Queckilberpegel sinkt mit abnehmenlem Druck. Das Thermometer ⑤ ıutzt die Ausdehnung des Queckilbers in einem Röhrchen zur Aessung der Temperatur. Durch die U-Form lassen sich Mindest- und Höchsttemperatur für einen Zeitraum bestimmen. Das Hygrometer ⑥ misst den Feuchtigkeitsgehalt der Luft, und zwar sehr viel genauer als ein Tannenzapfen, der sich bei trockener Luft öffnet und sich schließt, wenn die Feuchtigkeit die enthaltenen Sporen gefährdet.

Ein weltweites Netz

Ieutzutage wird der größte Teil unseres Planeten meteoroogisch überwacht. Die Daten on 3000 Wetterstationen werden lle drei Stunden abgelesen und n die meteorologischen Zentren ler verschiedenen Länder jesandt. Diese Zentren erhalten uch Informationen von Instrunenten an Bord von Wetterballons ⑩, die bis zu einer Iöhe von 20 000 m aufsteigen. ndere Instrumente sind in Bojen ⑪ mitten auf dem Ozean, in Schiffen oder in Linienflugzeugen installiert. Satelliten ergänzen die verschiedenen Messinstrumente. Alle Zentren sind durch die Meteorologische Weltorganisation miteinander verbunden. Ständig erhalten die Meteorologen tausende von Daten. Sie sichten und analysieren sie mithilfe von Computern und können daraufhin eine Vorhersage erstellen.

Vom Satelliten zum Wetterbericht

Beobachtungssatelliten fotografieren ständig die Luftmassen der Atmosphäre. Geostationäre Satelliten befinden sich in 36 000 km Höhe immer über demselben Gebiet. Polare Satelliten umkreisen die Erde in 850 km Höhe in einer oder mehreren Stunden.

Computer analysieren und bearbeiten die Satellitenfotos, die Messungen der Instrumente sowie die Daten, die die Wissenschaftler sammeln. Die Vorhersagen werden dann von Meteorologen präzisiert und in eine allgemein verständliche Sprache gebracht: So werden Antizyklonen und Depressionen durch die vertrauten Begriffe Hochdruck und Tiefdruck ersetzt.

DAS KLIMA

Die unterschiedlichen Landschaftsformen der Erde gehen auf die Vielfalt der Bodenformen und der Klimazonen zurück. In den Tropen und an den Polen gibt es weder die gleichen Pflanzen noch die gleichen Tiere. Das Leben passte sich an die klimatischen Gegebenheiten an. Die Sonnenbestrahlung, die Häufigkeit von Niederschlägen sowie die Unbeständigkeit des Wetters hängen hauptsächlich von der Position zur Sonne sowie von den Luft- und Meeresströmungen ab.

Eine neue Verteilung?

Durch sein Handeln zerstört der Mensch mehr und mehr das klimatische Gleichgewicht. Die Erwärmung ist ein globales Phänomen, aber die Auswirkungen sind nicht überall in gleicher Weise zu spüren. Das Klima der Pole könnte milder und regenreicher, das tropische Trockenklima dagegen noch trockener werden.

Kontinentalklima

Zwischen den Tropen und den Polen erstreckt sich eine weite gemäßigte Zone. Aber im Inneren der Kontinente sind die Jahreszeiten deutlicher wahrzunehmen. Die Winter sind kalt und schneereich, die Sommer heiß und trocken. Diese bereits in Deutschland spürbaren Unterschiede verstärken sich in der Nähe des Polarkreises, wo die Laubwälder den Nadelwäldern weichen.

Mittelmeerklima

Der Süden der gemäßigten Zone um das Mittelmeer herum ist sonnenreicher, dafür aber etwas regenärmer. Die Sommer sind hier heiß und trocken, die Winter mild und kurz. Regen fällt vor allem in Form von heftigen Gewitterschauern. Die Bäume mit kleinen, harten Blättern und die duftenden Heidepflanzen haben sich an die Trockenheit angepasst.

Maritimes Klima

In Küstenregionen ist das Wetter sehr wechselhaft, da es einen ständigen Austausch zwischen der warmen Luft der Tropen und der kalten Luft der Pole gibt. Die Winter sind eher mild, die Sommer frisch.

Polarklima

Nahe den Polen dauern die äußerst kalten Winter (die Temperatur sinkt bis auf – 60 °C) sechs Monate. Das Eis, das den Boden bedeckt, reicht bis zum Meer. Im Sommer steigt die Durchschnittstemperatur kaum über 10 °C.

Es bestimmt die unterschiedlichen Lebensräume

Klima am Äquator

Entlang des Äquators transportieren die Passatwinde warme und feuchte Luft. In diesen Regionen mit ihren dichten Wäldern, in denen Winter wie Sommer die Durchschnittstemperatur bei über 30 °C liegt, gibt es tagtäglich starke Regengüsse.

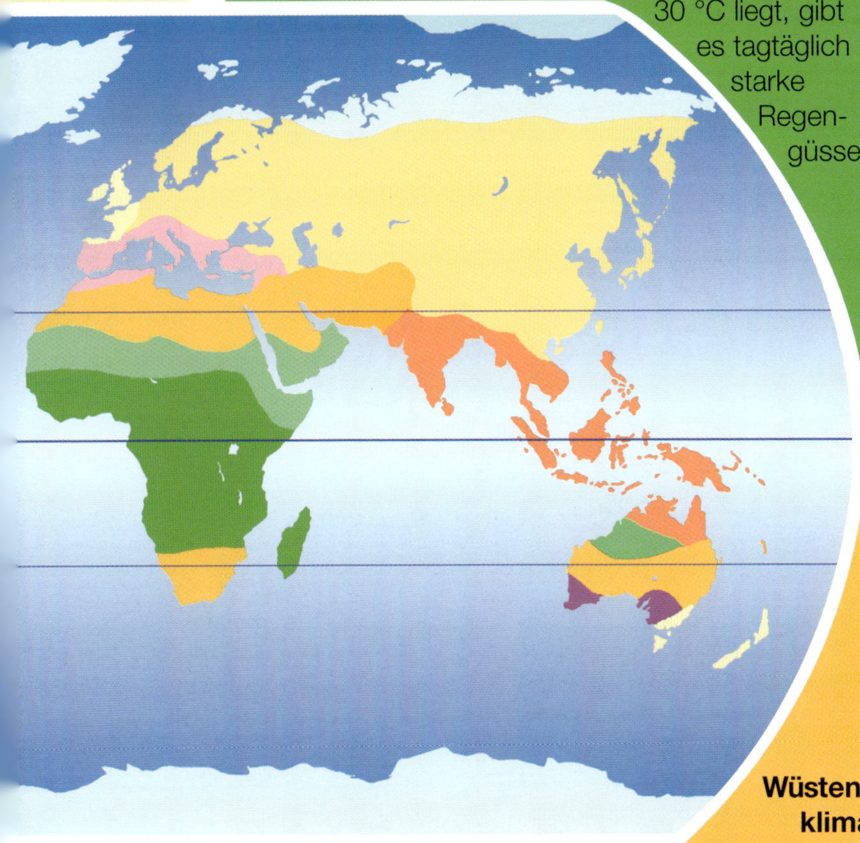

Wüstenklima

Wenn die bereits kühleren und trockeneren Luftmassen auf ihrem Weg vom Äquator zu den Polen in der Nähe der Tropen ankommen, bilden sie dauerhafte Hochdruckzonen. Deshalb beträgt die Regenmenge in Wüsten unter 100 mm im Jahr.

Das tropische Trockenklima

In den tropischen Gebieten ist die Regenzeit, deren Niederschläge durch Tiefdruckgebiete nahe des Äquators ausgelöst werden, zeitlich begrenzt. Drei Monate lang regnet es jeden Tag. Dann kehrt die Trockenzeit wieder. Je weiter das Gebiet vom Äquator entfernt ist, desto länger dauert sie. Dies ist das Gebiet der Savanne.

Das tropische Feuchtklima

In Süd- und Südostasien wehen von April bis September die Monsunwinde vom Indischen Ozean zum Festland, das sich schneller erwärmt. Sie bringen starke Regenmengen, zumal die Wolken durch den Himalaja aufgehalten werden. Dann drehen die Winde: Sie wehen jetzt aus Nordost und bringen trockene Luft aus Sibirien. Das ist der Trockenmonsun.

DAS KLIMA VERGANGENER ZEITEN

Im Laufe seiner Geschichte erlebte unser Planet lange Abkühlungsperioden, die Eiszeiten, denen regelmäßig Erwärmungen folgten, die Warmzeiten oder Zwischeneiszeiten genannt werden. Diese Klimawechsel rekonstruieren die Paläoklimatologen, die sich auf das Klima vergangener Zeiten spezialisiert haben. Die Wechsel dienen als Basis für die Modelle, die die Klimatologen für die Vorhersage der Änderungen des Erdklimas in der Zukunft erstellen.

Die Gletscher schlossen im Laufe der Zeit lebende Organismen – Pflanzen wie Tiere – und Luftblasen ein. Die Paläoklimatologen kommen dem Klima vergangener Zeiten auf die Spur, indem sie Eisdecken bzw. Meeressedimente von einer Dicke bis zu mehreren hundert Metern ausgraben. Diese Informationen müssen mit denen zur Kontinentalverschiebung abgestimmt werden. So wurden etwa 450 Millionen Jahre alte Spuren der Eiszeit in der Sahara gefunden. Diese Region lag damals nahe dem Südpol. Im Erdmittelalter erhielt sie ihre derzeitige Lage, aber auf der Erde hatte sich eine Warmzeit ausgebreitet. Die Sahara wurde ein tropisches Treibhaus, in dem die Dinosaurier beste Bedingungen vorfanden. Die letzte Eiszeit begann vor 120 000 Jahren und trocknete das Klima der Sahara aus. Dann begann vor 12 000 Jahren eine Zwischeneiszeit, die bis heute andauert. Europa und Asien wurden vom Eis befreit und zur Zeit der ersten Landbaus grünte die Sahara wieder. Aber das Abschmelzen der Gletscher ließ

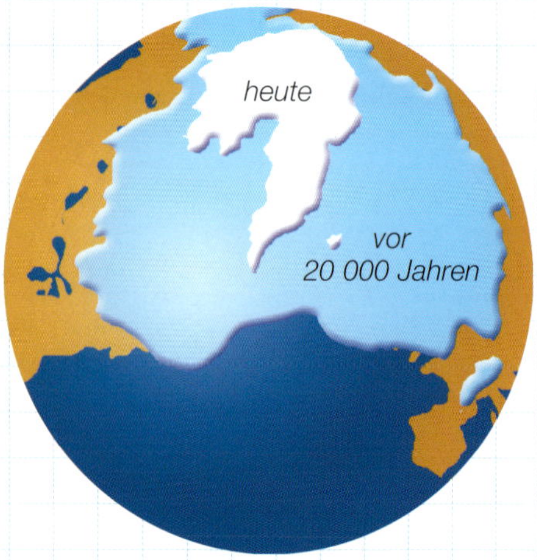

Europa unter dem Eis

Vor 20 000 Jahren erreichte die letzte Eiszeit ihren Höhepunkt: Das Eis erstreckte sich von den Polen bis in den Süden Irlands und Schwedens. Weiter östlich reichte es bis zum Schwarzen Meer. Enorme Gletscher bedeckten die Berge. Der Mensch der Cro-Magnon-Zeit jagte Mammuts und Rentiere.

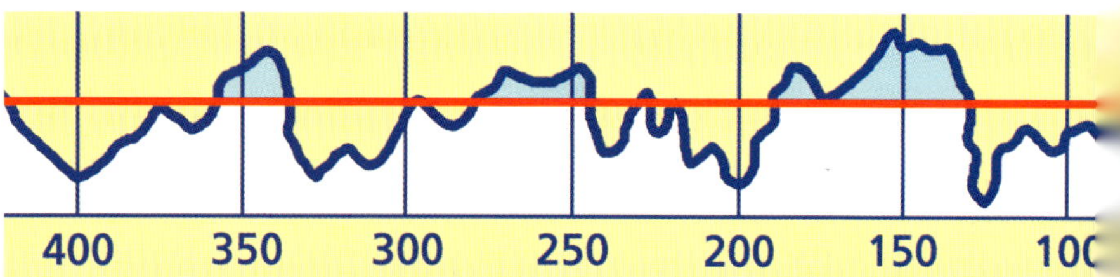

den Meeresspiegel um 120 m steigen, wodurch sich die Meeres- und Luftströmungen änderten. Etwa 3000 v. Chr. begann die Sahara, sich in eine Wüste zu verwandeln. Das in gemäßigter Klimazone liegende Europa hatte zwischen 1550 und 1850 n. Chr. eine „kleine Eiszeit“, in der die alpinen Gletscher größer wurden, bevor sie sich wieder zurückzogen. Dieser Rückzug wird durch die vom Menschen verursachte Erwärmung beschleunigt, die das Gleichgewicht zwischen Kälte und Wärme stören könnte.

Die unten stehende Grafik stellt die Perioden der Eiszeiten dar, in denen die Dicke der Eisschicht zunahm (in blau). Sie kehren etwa alle 100 000 Jahre wieder.

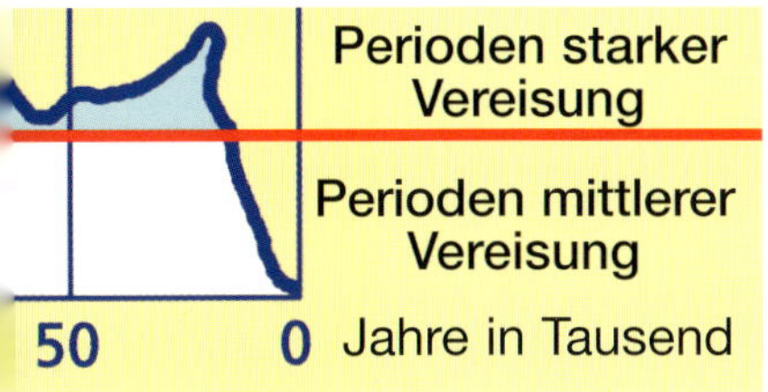

Warum ändert sich das Klima?

Die Anziehungskraft der Planeten des Sonnensystems untereinander verändert die Stellung der Erde gegenüber der Sonne. In 100 000 Jahren wird sich die Bahn, die sie um die Sonne

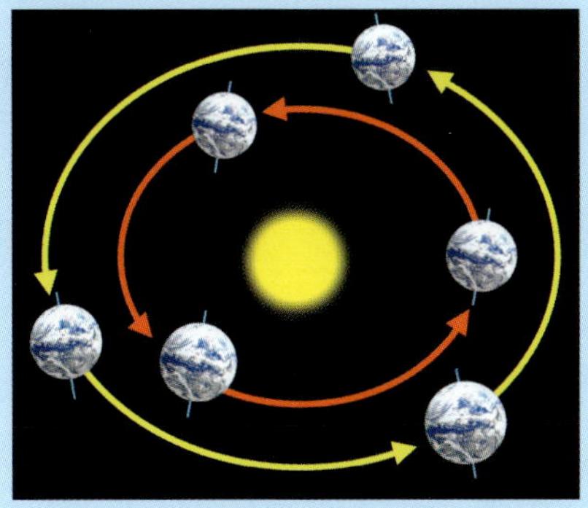

zieht, von einer perfekten Kreisform zu einem abgeflachten Oval verändert haben, einer Ellipse. Zudem ist die Erde auf ihrer Rotationsachse geneigt. Die Wärmemenge, die von der Sonne empfangen wird, hängt auch von der Entfernung und dem Einfallwinkel ab.

Vulkanausbrüche können das Klima auf Dauer abkühlen, weil Asche und Schwefeldioxid, vermischt mit Wasserdampf, die Sonneneinstrahlung auf die Erde verringern. Der Ausbruch des Laki auf Island verdunkelte 1783 monatelang den Himmel. Das Klima auf der Nordhalbkugel kühlte sich ab. Dies führte sogar dazu, dass es mitten im Sommer in London schneite!

Der Einfluss der Sonnenausbrüche ist dagegen schwerer nachzuweisen. Solche Ausbrüche verstärken sich beim Höhepunkt der Sonnenaktivität, die einem Zyklus von 11 Jahren folgt und zu einer leichten Anhebung der Lichtintensität führt. Aber diese Erscheinung kann nicht allein klimatische Veränderungen erklären.

Zu diesen natürlichen Ursachen kommen die Eingriffe des Menschen in die Natur hinzu. Durch den Ausstoß von Gas und Partikeln in die Atmosphäre haben wir deren chemische Zusammensetzung verändert und den Treibhauseffekt verstärkt. Die Rodung der Wälder verändert das Niederschlagssystem.

DIE HIMMELSKÖRPER

Mit den Füßen auf der Erde stehend und die Augen auf die Sterne gerichtet fällt es uns schwer zu glauben, dass unser Planet nur einer von unzähligen Himmelskörpern in unserer Galaxie. Die Milchstraße umfasst etwa 100 Milliarden Sterne, nicht gerechnet die Planeten, Monde, Asteroiden usw. Dabei ist die Milchstraße selbst nur ein kleiner Teil des Universums!

Das Universum entstand vor 10 bis 20 Milliarden Jahren in einer gigantischen Explosion, dem Urknall, auch Big Bang genannt. Man kann sich das Universum zu Beginn als einen Laserstrahl aus sehr konzentriertem Licht vorstellen. Dieser Strahl breitete sich sehr rasch aus: Das Universum dehnte sich aus und kühlte ab. Das war die Geburtsstunde der Galaxien.

Die Galaxien

Mit dem Absinken der Temperatur nach dem Urknall nahm der Materiestaub Gestalt an. Zunächst formten sich sehr heiße Gaswolken, die sich zu Sternen verdichteten. Die Sterne ordneten sich dann zu riesengroßen Strukturen an, den Galaxien.

Die Galaxien drehen sich in einer Spirale um sich selbst. Sechs Zehntel der Galaxien haben sich durch die Drehbewegung scheibenförmig abgeflacht. Dies gilt auch für unsere Milchstraße: Ihre Spiralarme kreisen um das verdichtete Zentrum, in dem sich die ältesten Sterne befinden.

Drei Zehntel aller Galaxien haben die Form einer Ellipse. Im Universum kommt diese Form häufig vor, bei der sich alle Körper drehen und durch die Schwerkraft miteinander verbunden sind. Durch eben diese Schwerkraft werden auch wir mit den Füßen auf der Erde gehalten.

Die Nebel

Ein Nebel ist eine riesige Wolke aus Gas und Staub, die einen Stern oder dessen Umgebung umhüllt. Dieser Nebel kann aus Gasblasen von einem untergehenden Stern bestehen oder aber die Wiege eines neuen Sterns sein. Unsere Sonne ist mit ihren Planeten aus dem Zerfall eines solchen Nebels entstanden.

Vom Staubkorn zur Galaxie

Der Weltraum von der Erde aus gesehen

Beobachten wir nachts den Himmel, dann sehen wir ein schwach leuchtendes Band. Dieses Band ist die Spur, die die Milchstraße hinterlässt. Wir sehen sie von innen, denn die Erde ist 28 000 Lichtjahre vom Zentrum der Galaxie entfernt. Die Milchstraße hat einen Durchmesser von 100 000 Lichtjahren. Ein Lichtjahr entspricht der Entfernung, die das Licht mit einer Geschwindigkeit von 300 000 km pro Sekunde in einem Jahr zurücklegt, das sind 9460,7 Milliarden km! Im Inneren der rotierenden Galaxie dreht sich die Erde um die Sonne, die wiederum um das Zentrum der Galaxie kreist. Für einen Beobachter auf der Erde, der seinen Standort nicht wechselt, ändert sich daher die Himmelsgeografie. Aber er hat gute Anhaltspunkte: Die Sterne bilden Figuren, die Sternbilder. Wie heißen die sieben leuchtenden Sterne, die an einen Wagen erinnern? Das ist der Große Bär, eine der insgesamt 88 Sternenkonstellationen am Himmel.

Die Asteroiden sind kleine Planeten aus Gestein. Sie kommen zwischen den Planeten Mars und Jupiter recht häufig vor. Gelegentlich schlägt einer auf einem anderen Planeten ein, er wird dann zu einem gefährlichen Meteoriten. An der Einschlagstelle bildet sich ein Krater.

Die Kometen

Diese kleinen Himmelskörper bestehen aus einem Kern aus Eis und Gesteinsbrocken. Nähern sie sich der Sonne, verdunstet das Eis und zieht dabei Staub aus dem Kern mit. Es bildet sich ein langer Schweif, der das Sonnenlicht streut.

Meteore und Meteoriten

Sternschnuppen oder Meteore sind Staubkörper, die von der Erde angezogen werden. Treten sie in die Erdatmosphäre ein, verglühen sie und lösen sich auf, wobei sie eine Leuchtspur hinter sich herziehen.

Der Meteor Crater im US-Bundesstaat Arizona zeugt von einem Meteoriteneinschlag vor 20 000 Jahren.

DIE SONNE UND DAS SONNENSYSTEM

Unsere Galaxie, die Milchstraße, bildete sich vor etwa 12 Milliarden Jahren. Vor 4,6 Milliarden Jahren entstand in dieser Galaxie ein ganz besonderer Stern: die Sonne. Sie sollte eine spezielle Rolle spielen, denn einer der neun Planeten, die sich um sie drehen, ist die Erde, auf der sich Leben entwickelte. Dies war nur durch die Energie möglich, die die Sonne in Form von Wärme und Licht ausstrahlt.

Das Sonnensystem ging aus dem Zerfall eines Nebels hervor. Im Zentrum entstand durch die Freisetzung ungeheurer Energiemengen die Sonne. Um sie herum bildete sich durch die Drehung des Nebels eine Scheibe aus Gas und Staub.

Dann begann die Sonne sich abzukühlen, ebenso wie die Materiewolke um sie herum. Dadurch konnten sich Materieteilchen zusammenballen. Je intensiver sie aneinander stießen, desto größer wurden die Masseklumpen. In weniger als 200 000 Jahren formten sich aus der Materiewolke die Planeten, wie wir sie heute kennen und die alle um die Sonne kreisen.

Ein riesiger glühender Stern

Die Sonne ist eine Gaskugel, in der 1 300 000 Planeten von der Größe der Erde Platz hätten! In ihrem Kern finden ständig Fusionen statt, die eine unglaubliche Hitze erzeugen: Die Temperatur erreicht 15 Millionen °C! Die 300 km starke Schicht der Fotosphäre an der Oberfläche besteht aus tausenden von Gasblasen. Die Temperatur beträgt hier immer noch 6000 °C. Wenn Gas aus dem Kern an die Oberfläche steigt, kommt es zu Ausbrüchen, so genannter Protuberanzen. Diese können eine Ausdehnung erreichen, die dem Abstand zwischen der Erde und dem Mond

Neun Planeten kreisen um einen Stern

entspricht. Von der Fotosphäre stammt das Licht der Sonne. Dort lassen sich Flecken beobachten: Es sind dunklere, weil kältere Stellen auf der Oberfläche. Die Chromosphäre bildet einen glühenden Hof um die Sonne in einer Dicke von 1500 bis 2000 km und einer Temperatur von 4300 °C. Diese ist wiederum von der Korona umgeben, einer transparenten Schicht, die sich über Millionen von Kilometern erstreckt. Dort herrscht eine Temperatur von 1 Million °C! Wenn die Sonne eines Tages ihre Gasreserven verbraucht hat, wird sie wie alle Sterne verlöschen. Aber dies dürfte frühestens in 5 Milliarden Jahren geschehen.

Der grüne Strahl

Wenn die Sonne abends hinter dem Horizont versinkt, erscheint sie rot. Relativ selten kann man, bevor sie versinkt, für einen kurzen Moment einen grünen Strahl erkennen. Dieser grüne Strahl ist nur am völlig klaren Horizont zu sehen und entsteht durch die Zerlegung des Sonnenlichts in der Atmosphäre.

Die Polarlichter

Diese roten, grünen oder weißen Leuchterscheinungen in einer Höhe von mehr als 100 km über den Polen entstehen, wenn die elektrischen Teilchen der Sonne mit den Gasmolekülen der Erdatmosphäre zusammentreffen. Dabei kommt es zu einer elektrischen Entladung.

Sonnen- und Mondfinsternis

Bei einer Sonnenfinsternis ②, wird es am helllichten Tag dunkel. Der Mond steht dann bei seinem Umlauf um die Erde genau zwischen der Sonne und unserem Planeten. Für einige Minuten wird die Sonne vom Mond verdeckt. Nur die leuchtende Korona ist noch zu sehen. Unter den 2 bis 5 Sonnenfinsternissen im Jahr ist nur eine total. Bei einer Mondfinsternis ① steht der Mond hinter der Erde, sodass die Sonne ihn nicht beleuchten kann.

DIE GESTEINSPLANETEN

Unter den neun Planeten des Sonnensystems weisen Merkur, Venus und Mars mehrere Übereinstimmungen mit der Erde auf: Sie umkreisen die Sonne relativ nahe, sind verhältnismäßig klein und bestehen aus Gestein. Aber nur auf der Erde ist Leben möglich.

Die Erde hat nur einen einzigen Trabanten, den Mond, der 384 000 km entfernt seine Bahn zieht. Es ist durchaus möglich, das dieser kleine Planet aus Teilen der Erde gebildet wurde, die beim Zusammenstoß mit einem gigantischen Asteroiden weggerissen wurden. Der Mond kreist auf einer festen Bahn um die Erde. Beide ziehen sich gegenseitig an.

Die Erde

In einer Entfernung von 150 Millionen km von der Sonne erhält die Erde von ihr das richtige Maß an Licht und Wärme. Das Sonnenlicht braucht 8 Minuten bis zur Erde. Aufgrund der Hitze in ihrem Inneren konnte die Erde eine Atmosphäre entwickeln und einen für die Entstehung von Leben notwendigen Ozean bilden. Sie ist der einzige Planet mit Wasser in flüssiger Form. Die Ozeane bedecken 7/10 ihrer Oberfläche. Der Mond dagegen hat keine Atmosphäre, weshalb die Temperaturen zwischen 125 °C in der Sonne und –175 °C im Schatten schwanken! Sein Boden ist mit grauem Staub bedeckt und es gibt keinen einzigen Tropfen Wasser.

Langsame und schnelle Drehungen

Ihrer Größe nach steht die Erde an fünfter Stelle im Sonnensystem: Sie hat einen Durchmesser von 12 756 km. Der Mond ist dagegen 4-mal kleiner. Dennoch verlangsamt seine Anziehungskraft auf die Erde deren Drehung. In ihren Anfängen drehte sich unser Planet so schnell, dass ein Tag nur etwa zehn Stunden dauerte. Heute kreist die Erde einmal in 24 Stunden um sich selbst. Ihr Umlauf um die Sonne verläuft dagegen auch heute noch mit rasender Geschwindigkeit: Mit 108 000 km pro Sekunde bestimmt er den Ablauf der Jahreszeiten.

Der Mond kreist in 27 Tagen 7 Std. und 45 Min. um die Erde.

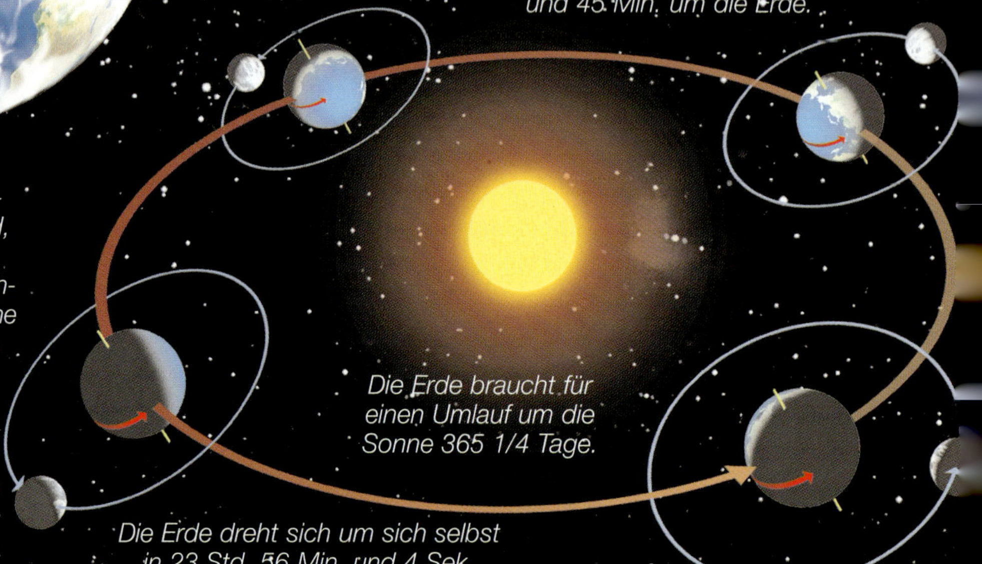

Die Erde braucht für einen Umlauf um die Sonne 365 1/4 Tage.

Die Erde dreht sich um sich selbst in 23 Std. 56 Min. und 4 Sek.

Erde, Mars, Venus und Merkur

Mars

Der Roboter Sojourner vermaß 1997 die Oberfläche des Mars. Er fand heraus, dass es vor 4 Milliarden Jahren auf dem kleinen Planeten (6794 km Durchmesser) einmal Wasser gegeben hat. Übrig geblieben sind aus dieser Zeit bis zu 4000 km lange Canyons. Wasser gibt es heute nur noch in Form von Eis in den Polkappen und unter der Oberfläche. Der Mars hat das wichtigste Element seiner Atmosphäre verloren und ist heute nur noch eine Wüste.

Der Roboter Sojourner bei der Erkundung des Mars

Venus

Die hell strahlende Venus wird auch Morgen- oder Abendstern genannt, denn sie erscheint nach Sonnenuntergang am Westhimmel bzw. am Morgen vor Sonnenaufgang im Osten. Sie ist in Wirklichkeit wie der Mond ein Planet, der nur das Licht der Sonne reflektiert. Sie ist etwa ebenso groß und schwer wie die Erde, hat aber eine 100-mal dichtere Atmosphäre. Diese besteht wie beim Mars vor allem aus Kohlendioxid. Das Gas verstärkt durch den Treibhauseffekt die Sonnenwärme, zumal die Venus nur 108 Millionen km von der Sonne entfernt ist. Die Temperatur auf der Oberfläche erreicht 460 °C. Das einst vorhandene Wasser ist inzwischen vollständig verdunstet.

Merkur

Der Merkur ist mit 4878 km Durchmesser der kleinste Gesteinsplanet. Mit einem Abstand von 58 Millionen km steht er der Sonne am nächsten. Für eine Sonnenumrundung braucht er nur 88 Tage. Unter diesen Umständen kann er überhaupt keine Atmosphäre haben. Seine wie beim Mond von Kratern übersäte Oberfläche umhüllt einen großen Kern aus Eisen. Die Temperaturen auf dem Merkur schwanken zwischen 430 °C in der Sonne und –180 °C im Schatten.

Ein Tag auf dem Merkur entspricht der Dauer von fast 59 Erdtagen.

DIE GASPLANETEN

Im Gegensatz zu den Gesteinsplaneten sind Jupiter, Saturn, Uranus und Neptun wesentlich weiter von der Sonne entfernt und heben sich durch ihre Größe und Farben hervor. Diese riesengroßen Planeten sind mächtige Kugeln aus Gas um einen recht kleinen festen Kern. Jeder wird von einem Schwarm verhältnismäßig kleiner Monde begleitet. Über die Zusammensetzung von Pluto, der erst 1930 am Rande des Sonnensystems entdeckt wurde, ist dagegen kaum etwas bekannt.

Jupiter

Unter den vier größten Planeten ist Jupiter der Sonne am nächsten. Sein Abstand zur Sonne beträgt 778 Millionen km und er braucht 12 Jahre für einen Umlauf. Er ist zugleich der größte Planet unseres Sonnensystems. Sein Durchmesser ist 11-mal größer als der der Erde und er ist 318-mal schwerer. Trotzdem besteht Jupiter vor allem aus leichten Gasen, durch deren Reaktionen Energie freigesetzt wird. In seinem Inneren herrschen Temperaturen von 30 000 °C! In den Wolkenschichten, die mit mehr als 500 km/h um den Jupiter wirbeln, sind es nur –150 °C.

Den Saturn umkreisen mehr als 30 Monde, darunter Titan, der größer als unser Mond ist!

Jupiter besitzt zwei kleine Ringe und 16 Monde aus Gestein und Eis. Unter den vier größten Monden ist Io neben der Erde der einzige Himmelskörper des Sonnensystems mit aktiven Vulkanen. Unter dem Eismantel seines Mondes Europa befindet sich vielleicht ein Ozean.

Vier Riesen und ein Zwerg

Uranus

Der 2,8 Milliarden km von der Sonne entfernte Uranus hat zwar eine eigenartig geneigte Umlaufbahn, ist aber ansonsten wenig spektakulär. Er ist der kleinste unter den großen Planeten.

Uranus hat eine blassblaue Farbe und wird von 11 Ringen umgeben. Sie sind jedoch so dunkel, dass sie von der Erde aus nicht direkt gesehen werden können. 21 Monde umkreisen den Planeten.

Saturn

Der Bruderplanet von Jupiter ist 1,4 Milliarden km von der Sonne entfernt. Er besteht aus denselben Gasen wie Jupiter. Seine Dichte ist so gering, dass er auf Wasser schwimmen würde. Er ist kleiner als Jupiter und unterscheidet sich auch durch seine sieben Ringe von ihm. Sie bestehen aus tausenden kleinerer Ringe, die aus Eis und Gesteinsbrocken zusammengesetzt sind und vom Planeten angezogen werden. Saturn dreht sich wie Jupiter so schnell um die eigene Achse, dass die von heftigen Winden getriebenen Wolken sich in Streifen parallel zum Äquator anordnen.

Neptun

Mit seiner Farbe, die aus dem hohen Methananteil seiner Atmosphäre stammt, und seiner Größe ist er der Zwillingsbruder von Uranus. Aber Neptun hat bereits einen Abstand von 4,5 Milliarden km zur Sonne und braucht für einen Umlauf 165 Jahre. Er wurde erst 1846 entdeckt. Bei seinem Überflug konnte Voyager 1989 gigantische Stürme fotografieren. Auf dem Boden herrschen durchschnittlich –220 °C. Die Sonde entdeckte in den Ringen des Neptuns weitere 6 Monde zu den bereits bekannten Monden Triton und Nereide.

Pluto

Der kleinste Planet des Sonnensystems hat einen Durchmesser von 2280 km. Er ist 40-mal weiter von der Sonne entfernt als die Erde. Pluto könnte auch ein großer Asteroid sein, der seine Umlaufbahn aufrechterhalten konnte, ohne von einem der großen Planeten eingefangen zu werden. Er hat einen Mond namens Charon.

DIE ERFORSCHUNG DER STERNE

Der nächtliche Himmel ist sehr schön und seine Betrachter könnten ein wenig poetisch werden. Aber die Astronomie ist eine seriöse Wissenschaft mit langer Tradition, die sich mit der Position der Sterne, ihren Bewegungen im All und ihrer Zusammensetzung beschäftigt. Im 20. Jahrhundert hat die Erforschung des Weltalls einen neuen Blick auf das Universum ermöglicht, während die Astrophysiker seine Geschichte seit der Entstehung rekonstruierten … oder zumindest beinahe.

Kopernikus

Galilei

Lange Zeit dachten die Menschen, die Erde sei das fest stehende Zentrum des Alls. Der Pole Nikolaus Kopernikus leitete 1543 aus mathematischen Berechnungen die Schlussfolgerung ab, die Erde drehe sich um die Sonne. Ein Jahrhundert später bewies der Italiener Galileo Galilei mithilfe eines selbst entwickelten Fernrohrs, dass Kopernikus Recht hatte.

Forschen durch Beobachtung

Galilei baute 1609 ein Fernrohr mit Vergrößerungslinsen. Er benutzte es zur Beobachtung unseres Mondes, entdeckte dann aber drei Monde um den Jupiter … Diese kreisten um den großen Planeten wie der Mond um die Erde. Mit dieser Beobachtung gab Galilei die gängige Ansicht seiner Zeit auf: Für ihn stand fest, dass die Erde nicht das Zentrum aller himmlischen Bewegungen ist. Vielmehr sei sie, wie schon Kopernikus behauptet hatte, nur ein Planet unter anderen.

Vom Fernrohr zum Teleskop

Auf das Fernrohr folgte das Teleskop, mit dem das Licht weit entfernter Objekte mithilfe von Spiegeln aufgefangen wird, die es wiederum zu den Linsen leiten. Die Astronomen konnten so neue Himmelskörper entdecken. In den 90er-Jahren des 20. Jahrhunderts errichteten sie an Orten, wo der Himmel immer klar ist, wie auf Hawaii und in Chile, Teleskope mit gigantischen Spiegeln (2 x 10 m für die Keck-Teleskope auf Hawaii). Sie werden wie die Radioteleskope, deren zahlreiche Antennen die von den Sternen und Galaxien ausgesandten Radiostrahlung empfangen, per Computer gesteuert.

Ein Teleskop im Weltall

Das 1990 gestartete Hubble-Teleskop umkreist die Erde in 600 km Höhe innerhalb von 97 Minuten. Aber sein Spiegel mit einem Durchmesser von 24 m ist auf die entferntesten Stellen des Weltalls gerichtet.

Alles, was dieses Teleskop beobachtet, wird fotografiert. Die Bilder von Galaxien oder Schwarzen Löchern werden dann per Satellit zu den Observatorien auf der Erde gesandt. Anhand dieser Bilder können die Beobachtungen der Observatorien präzisiert werden.

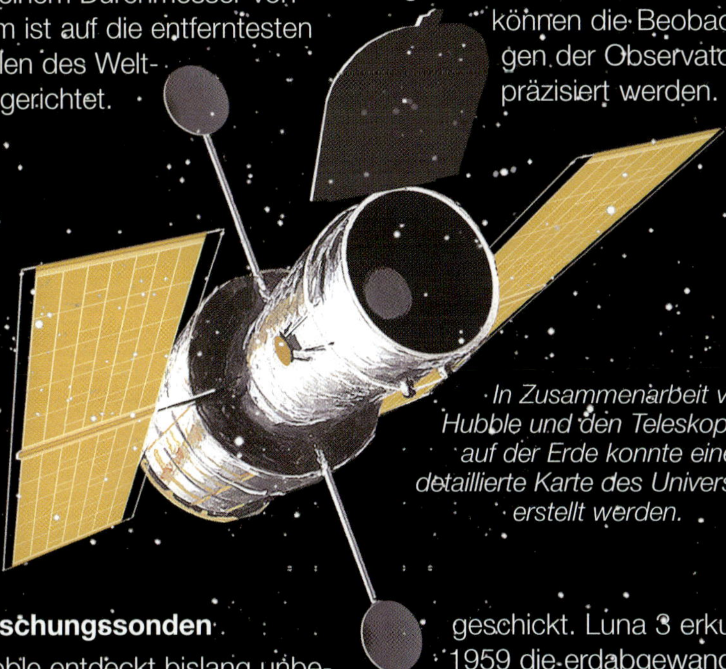

In Zusammenarbeit von Hubble und den Teleskopen auf der Erde konnte eine detaillierte Karte des Universums erstellt werden.

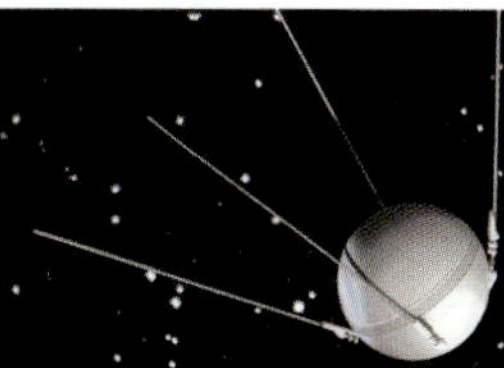

Reisende im Weltall

Sputnik I, der erste künstliche Satellit, kreiste 1957 um die Erde, einen Monat später machte die Hündin Laika an Bord von Sputnik II dieselbe Reise. Als erster Mensch umrundete Jurij Gagarin die Erde im April 1961 an Bord der Raumkapsel Wostok 1.

Forschungssonden

Hubble entdeckt bislang unbekannte Gebiete des Weltalls, die Sonden dagegen können die Himmelskörper unseres Sonnensystems besser als jedes Teleskop erforschen. Sie begeben sich vor Ort, landen manchmal auch und entnehmen Bodenproben. Die ersten Sonden wurden zum Mond geschickt. Luna 3 erkundete 1959 die erdabgewandte Seite des Mondes. Dann flogen die Sonden immer weiter. Voyager II erreichte 1986 den Uranus, dann den Neptun, nachdem sie zuvor den Saturn überflogen hatte. Auch zur Sonne werden Sonden gesandt. Ulysses erreichte 1994 den Südpol unseres Zentralsterns.

Am 21. Juli 1969 betrat Neil Armstrong als erster Mensch den Mond. Bisher ist es noch nicht möglich, den Mars oder andere Planeten zu betreten. Daher erforschen die Astronauten das Universum in Laboratorien wie z.B. der Internationalen Weltraumstation ISS.

ALGEN

Zu Beginn des Lebens auf unserem Planeten existierten auf dem Grund des Urozeans mikroskopisch kleine Blaualgen. Diese sehr einfachen Lebewesen entwickelten die Fotosynthese. Dieser Vorgang, bei dem Sonnenlicht aufgenommen und Sauerstoff abgegeben wird, ermöglicht das Wachstum der Pflanzen. Durch den von den Blaualgen und Kohlendioxid freigesetzten Sauerstoff bildete sich Atemluft und ließ neue, komplexere Algenarten entstehen. Unter ihnen waren auch die Grünalgen. Sie eroberten das Land.

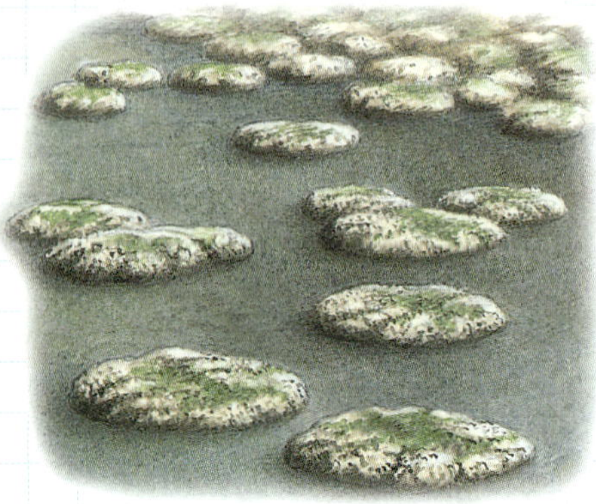

Die Stromatolithen

Auch nach 3,5 Milliarden Jahren gibt es immer noch Blaualgen. Durch den Abbau des im Meerwasser gelösten Kalks formen sie an den Küsten Australiens und den Bahamas graue Steinformationen, so genannte Stromatolithen oder Algenkalke.

Unter Wasser

Algen sind die ältesten Pflanzen und oft nur einfache Fäden. Einige Arten wie die Kieselalge bestehen sogar nur aus einer einzigen Zelle. Diese winzig kleinen Meeresalgen mit einer festen, transparenten Schale machen den Hauptanteil des Planktons aus, von dem sich Fische, Krustentiere und Wale ernähren.

Sauerstoffreserven

Das pflanzliche Plankton, das sich mit den Strömungen treiben lässt, vermehrt sich in den sauerstoffreicheren kalten Gewässern. Pro Liter können mehr als 346 000 mikroskopisch kleine Lebewesen enthalten sein, die sich sehr rasch vermehren. Das Plankton ist ebenfalls ein bedeutender Sauerstofflieferant für alle Lebewesen auf der Erde. Insgesamt sind die 40 000 bisher bekannten, überwiegend im Wasser lebenden Algenarten für zwei Drittel der Fotosyntheseleistung aller Pflanzen unseres Planeten verantwortlich. Damit sie Sauerstoff abgeben können, müssen sie Sonnenlicht aufnehmen. Dies geschieht durch das Chlorophyll, auch Blattgrün genannt, das sie grün färbt.

Zu den Ursprüngen des Lebens

Grün, braun oder rot

Nicht alle Algen, die auf den von der Flut überspülten Felsen haften, haben die schöne grüne Farbe eines Salates. Um in größerer Tiefe noch Sonnenlicht aufnehmen zu können, wird das Chlorophyll durch andere Pigmente überdeckt. Die Rotalgen können so noch in 200 m Tiefe wachsen. Am besten sind die Braunalgen gerüstet. Sie leben im Bereich zwischen kalten und warmen Meeren, wo das Wasser klar und stark kohlendioxidhaltig ist. Bei der Fotosynthese wandeln sie das Gas in Zucker um, den sie für ihr Wachstum brauchen.

Schwimmalgen

Da sie keine Wurzeln oder Stiele haben, haften sich diese Algen mit kleinen Häkchen an den felsigen Untergrund fest, um nicht von den Wellen fortgespült zu werden. Der Blasentang, eine sehr verbreitete Algenart, klammert sich an die Miesmuscheln. Im Gegenzug dient er den Muscheln mit seinen Lufttaschen als Boje. Solche Taschen hat auch der Kelp oder Riesentang. Ohne solche Luftbläschen würde der manchmal bis zu 100 m hohe Riese in sich zusammenbrechen.

Ernte im Meer

Algen vermehren sich sehr rasch. Sie können regelrecht zur Plage werden, wenn sie, begünstigt von der Umweltverschmutzung, die Strände erreichen oder in Meere eindringen, in denen sie ursprünglich nicht vorkommen, wie etwa die Kriechsprossalge Caulerpa im Mittelmeer. Aber was hier geerntet wird, ist meist ein Geschenk der Natur.

Verwendung der Algen

Algen enthalten viele gesunde Substanzen und können als Gemüse gegessen werden. In Japan, wo es nur wenige landwirtschaftliche Nutzflächen gibt, werden sie in Unterwasserfarmen gezüchtet. Die Lebensmittelindustrie gewinnt aus ihren Inhaltsstoffen Geliermittel für Desserts und Süßigkeiten. Algen sind oft auch Bestandteil von Kosmetika oder Medikamenten.

PILZE

Pilze sind merkwürdige Lebewesen. Eigentlich gehören sie nicht zu den Pflanzen, weil sie kein Chlorophyll enthalten. Aber die Pflanzen können nicht auf sie verzichten. Denn Pilze erzeugen Humus, eine schwarze, fruchtbare Schicht, in der die Pflanzen wurzeln. Pilze ernähren sich von lebenden Organismen ähnlich wie die Tiere, gehören aber auch nicht zu den Tieren. Im Übrigen ist von diesen eigenartigen Wesen nur ein Teil zu sehen.

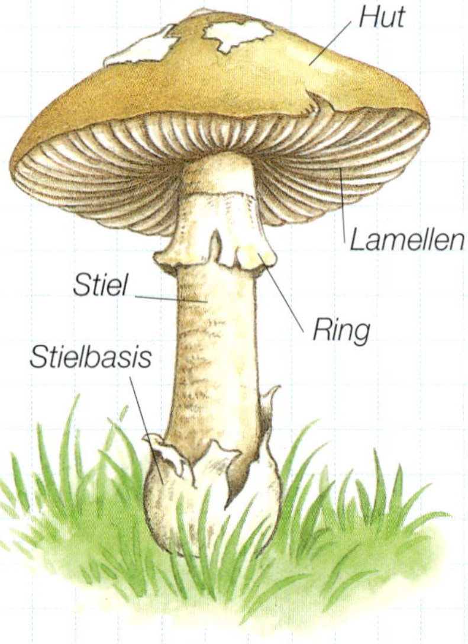

Der Hauptteil des Pilzes ist in der Erde verborgen. Es handelt sich um das Pilzgeflecht oder Myzel, ein ausgedehntes Netz von weißen Fäden. Der aus der Erde ragende Stiel hat nur ein kurzes Leben. Er trägt den Hut, der die Sporen einschließt.

Die Vermehrung

Die Sporen fallen aus den geöffneten Lamellen des Hutes zur Erde und keimen dort. Aus ihnen entsteht ein weibliches oder männliches Pilzgeflecht ①, das sich in der Erde mit einem andersgeschlechtlichen Myzel vereinigt. Daraus bildet sich ein neuer Fruchtkörper ②, der von einer Hülle umgeben ist, unterirdisch wächst und dann herausbricht ③. Die Hülle zerreißt ④, damit der Stiel mit dem Hut sich aufrichten kann ⑤. Hat der Stiel seine endgültige Größe erreicht, öffnen sich die Lamellen und die Sporen fallen heraus.

Pilze als Parasiten

Viele Pilze leben in Symbiose mit Bäumen, die sie zwischen ihren Wurzeln beherbergen. Das Zusammenleben bringt sowohl den Bäumen als auch den Pilzen Vorteile. Die Bäume versorgen die Pilze mit Zucker, umgekehrt liefern diese ihnen Nährstoffe und schützen sie vor Krankheiten. Aber einige Arten sind Parasiten und ernähren sich von den Bäumen, bis diese absterben. Dies gilt etwa für den Leberpilz, der an Baumstämmen wächst.

Nützliche Pilze

Einige mikroskopisch kleine Pilze sind sehr nützlich. Die Hefepilze lassen das Brot aufgehen und verwandeln Traubensaft in Wein. Sie lassen sich wie die Pinselschimmelpilze im Labor züchten. Diese sind für den Schimmel verantwortlich, der die Früchte verdirbt, aber auch dem Käse seinen Blauschimmel gibt. Aus Schimmelpilz wird auch das Penicillin gewonnen, ein Antibiotikum, das gegen manche Bakterien sehr wirksam ist.

Leberpilz

Hefepilze unter dem Mikroskop

200 000 bekannte Arten

Der Trüffel

Der Schwarze Trüffel ist der Fruchtkörper eines sehr seltenen Pilzes. Sein Leben läuft völlig unter der Erde ab. Er wächst besonders gerne unter Eichen. Das Myzel ist so gefräßig, dass um die Bäume herum keine anderen Pflanzen mehr wachsen.

Trüffelhunde graben nach den Pilzen.

Leuchtende Pilze

Einige Pilzarten geben nachts Licht ab. Die Fäden des Hallimasch ① leuchten beim Kontakt mit der Luft. Geschädigte Bäume können durch diese Pilzart absterben: Beginnt der vom Pilz befallene Baum zu leuchten, ist er verloren. Der Leuchtende Ölbaumpilz ② leuchtet durch die Lamellen unter seinem Hut.

Speisepilze

Morchel

Pfifferling

Violetter Lacktrichterling

Austernseitling

Herbsttrompete

Mairitterling

Steinpilz

Achtung, giftig!

Viele Pilze sind essbar, einige enthalten aber auch Gift, dessen Wirkungen vom Ekelgefühl bis zur tödlichen Vergiftung reichen. Es empfiehlt sich daher, vorsichtig zu sein: Pflücke niemals einen Pilz, wenn du nicht sicher bist, dass er essbar ist. Manchmal reicht es schon aus, die Hand an den Mund zu führen, um das Gift aufzunehmen.

Panterpilz

Satanspilz

Weißer Knollenblätterpilz

Grüner Knollenblätterpilz

Fliegenpilz

MOOSE UND FLECHTEN

Als nahe Verwandte der Grünalgen entstanden vor 350 bis 400 Millionen Jahren Moose und Farne, die ein gutes Beispiel für die Anpassung der Pflanzen an das Leben auf dem Festland sind. Moose entwickelten Stiele und Blätter, die Farne dagegen Wurzeln und verholzte Stängel. Ihr hoher Wasserbedarf ist ein Erbe ihrer Abkunft aus dem Meer. Die Flechten sind aus einer erfolgreichen Verbindung von Algen und Pilzen hervorgegangen.

Lebenszyklus der Moose

Im Frühjahr wachsen aus den Moospolstern Stängel mit Kapseln. Diese Stängel entstehen aus der Befruchtung einer weiblichen mit einer männlichen Geschlechtszelle. Die Kapsel, auch Sporophyt genannt, enthält die Sporen. Durch die Ausstreuung dieser Sporen entstehen dann neue Moospflanzen.

Moose

Sie breiten sich als weiche Teppiche im schattigen Unterholz, auf alten Steinen oder auf Hausdächern aus. Um ihren großen Wasserbedarf zu decken, gedeihen sie mit Vorliebe an der Nord- oder Westseite, da auf unserer Erdhalbkugel der Regen meist aus diesen Richtungen kommt. Sie haben keine Wurzeln, um das Wasser aus dem Boden aufzusaugen. Deshalb nehmen sie es mit der ganzen Fläche ihrer Blätter auf. Das Torfmoos, aus dem nach dem Absterben der Pflanze Torf entsteht, kann bis zum 30fachen seines Gewichtes an Wasser speichern.

Flechten

Flechten, die auf Borken oder Steinen haften, sind an den Meeresküsten sowie im alpinen Hochgebirge, in gemäßigten Zonen wie auch in den Polargebieten zu Hause. Sie sind besonders charakteristisch für die Tundra, die Vegetationsform im hohen Norden.

Halb Alge, halb Pilz,

wächst die Flechte auch dort, wo sonst keine Pflanze mehr gedeiht. Aus dem Erbe der Algen stammt die Fotosynthese, ihre Nähe zu den Pilzen verhindert die Austrocknung und sichert die Ernährung durch Nährstoffe. Die Flechte bevorzugt schneereiche Gebiete, kann aber auch lange der Trockenheit trotzen.

Die Pflanzenwelt entfaltet sich

Feuchtigkeitsreservoire

Die 20 000 Moosarten saugen sich wie Schwämme (die Tiere sind!) mit Wasser voll und bilden so nützliche Reservoire für Pflanzen und Tiere. Kleintiere finden Schutz zwischen ihren Stängeln. Für Samenpflanzen bieten die Moose ideale Stellen zum Keimen.

Verschmutzungssignale

Ist die Luft zu trocken, ruht die Flechte. Sie wird jedoch schon bei geringsten Feuchtigkeitsmengen wieder aktiv und begnügt sich mit dem in der Luft vorhandenen Wasserdunst. Dies hat sie mit den Pilzen gemein. Wie die Moose reagiert sie allerdings sehr empfindlich auf Luftverschmutzung.

Farne

Die Farne beherrschten einst den Planeten. Fest in der Erde verwurzelt, konnten sie über andere Pflanzen hinwegwachsen, denn in ihren Stängeln fließt der Saft in Leitbündeln, sodass sie auch hoch oben das Sonnenlicht aufnehmen können. Damit die Stängel nicht abbrechen, sind sie außen verholzt.

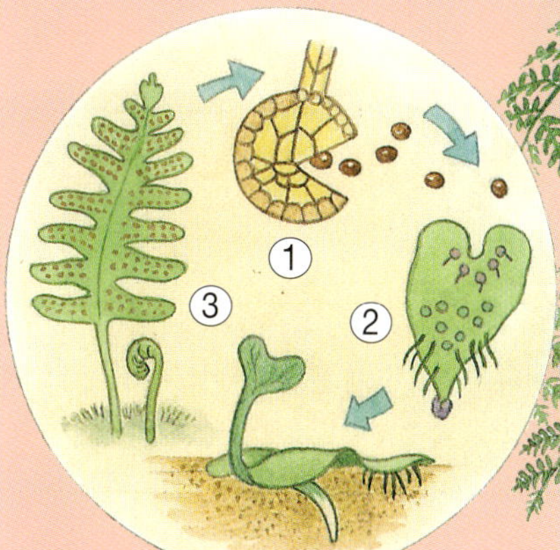

Die Vermehrung verläuft in zwei Phasen. Eine Spore ① erzeugt einen herzförmigen Prothallus ② mit weiblichen und männlichen Geschlechtszellen. Aus ihrer Vereinigung entsteht dann ein neuer Farn ③.

Die Riesenfarne

Die heutigen Baumfarne auf Madagaskar und auf Norfolk vor Australien sind Zeugen der urzeitlichen Farnwälder. Die größten unter ihnen erreichen eine Höhe von 25 m.

BLÜTENPFLANZEN

Vor 130 Millionen Jahren erschienendie ersten blühenden Pflanzen. Sie tauchten als letzte im Pflanzenreich auf und nutzten die Errungenschaften ihrer Vorgänger: die Fotosynthese und die Pollenbildung, die den Nadelbäumen selbst auf trockenen Böden die Vermehrung ermöglichte. Mit der Blüte, der jüngsten Entwicklung der Pflanzen, haben sie eine hervorragende Fortpflanzungsmöglichkeit gefunden.

Die Kelchblätter formen einen Kelch, in dem die Kronblätter ansetzen. Er enthält Staubblätter als männliche Organe, die Pollen produzieren, und einen Stempel als weibliches Organ, der in seinem Fruchtknoten die Samenanlage enthält.

Die Fotosynthese

Die Pflanzen produzieren ihre Nahrung selbst. Die Sonne ist der Energielieferant dieser praktischen Küche, die Fotosynthese heißt. Als Zutaten werden Kohlendioxid aus der Luft und dem Wasser benutzt. Als Kochtopf dient das Chlorophyll, das die Blätter grün färbt.

Die Pflanze nimmt über kleine Öffnungen in ihren Blättern, den Spaltöffnungen, das Kohlendioxid aus der Luft auf. Über ihre Wurzeln entzieht sie dem Boden Wasser und Nährstoffe. Dieses Gemisch wird über den Stängel zu den Blättern transportiert. Das Chlorophyll stellt mithilfe des Sonnenlichts einen stark zuckerhaltigen Saft her. Die Pflanze ernährt sich davon und gibt durch ihre Spaltöffnungen Sauerstoff an die Luft ab. Dies ist also sozusagen der Küchenabfall. Die Pflanzen verbrauchen aber durch ihre Atmung selbst einen Teil davon, ganz wie wir auch.

Die großen Verführer

Die Bestäubung

Damit eine neue Pflanze entsteht, muss eine im Stempel enthaltene Eizelle von einem Pollen befruchtet werden. Dies bezeichnet man als Bestäubung. Im Allgemeinen vermeiden die Blütenpflanzen die Selbstbestäubung, um ihrer Art die Widerstandsfähigkeit zu erhalten.

Daher muss also der Pollen einer Pflanze zum Stempel einer anderen gelangen. Den Transport übernehmen Wind oder Insekten. Diese besuchen die Pflanzen, um Nektar, einen süßen, von der Blüte hergestellten Saft, zu sammeln. Dabei bleibt Blütenstaub an ihre Beinen bzw. ihrem Körper haften. Sobald sie eine andere Blüte besuchen, gelangt der Pollen zum Stempel: Die Insekten bestäuben so die Blüte.

①

②

Die Kunst der Verführung

Blütenpflanzen haben zahlreiche Tricks entwickelt, um Tiere zur Bestäubung anzulocken. Sie verführen sie durch die bunten Farben ihrer Blütenblätter. Vögel mögen lieber Rot, Bienen dagegen Weiß und Blau. Auch der Duft spielt eine große Rolle in diesem Zusammenspiel der Verführungsmittel.

Gemeine Nachahmer

Manche Orchideen benutzen mehrere Verführungstechniken gleichzeitig. Die Blütenblätter der Fliegen-Ragwurz ① und der Hummel-Ragwurz ② imitieren durch ihre Form und Farbe das Insekt, das sie anlocken wollen. Um nichts dem Zufall zu überlassen, verströmen die Pflanzen sogar den Duft eines Weibchens auf Partnersuche. Männliche Fliegen und Hummeln versuchen nun vergeblich, sich mit der Blüte zu paaren. Erfolglos, aber ganz mit Pollen beladen, fliegen sie zur nächsten Blüte, die ebenfalls ein Weibchen nachahmt, und bestäuben diese dann.

Insektenfallen

Die Brasilianische Osterluzei verströmt einen sehr unangenehmen Aasgeruch, um Fliegen anzulocken. In scheinbarer Gutherzigkeit hat eines ihrer Blütenblätter die Form einer Landebahn. Aber diese dient nur dazu, die Fliegen zur Öffnung zu leiten, die direkt zum röhrenförmigen Kelch führt. Aus dieser Falle werden sie erst dann wieder befreit, wenn sie mit Pollen beladen sind.

Diese Fliegen konnten der Verlockung der Osterluzei nicht widerstehen.

VON DER BLÜTE ZUR FRUCHT

Auf unserem Planeten gibt es heute etwa 20-mal mehr Arten von Blütenpflanzen als Farne oder Nadelbäume. Diese Pflanzen verdanken ihren Erfolg ihrer Frucht, einem weiteren Trick zur Vermehrung. Sie enthält Samen, die aus der Befruchtung einer Eizelle durch Pollen entstanden sind. Die Samen sind geschützt und haben dadurch gute Aussichten, dass aus ihnen eine neue Pflanze wachsen kann. Auch durch sie wird die Art weiterverbreitet.

Der Apfel enthält in seinem Inneren Kerne. In der Erde keimt der Samen und lässt möglicherweise einen neuen Apfelbaum wachsen. Andere Früchte wie der Pfirsich schützen ihren Samen in einer harten Schale.

Die Entstehung der Frucht

Die Bestäubung steht am Anfang der Vermehrung. In der Abbildung links sammelt eine Biene den Nektar einer weiß-rosafarbenen Blüte eines Apfelbaums. An ihren Beinen haftet gelber Staub. Es ist der Blütenstaub oder Pollen, den sie von anderen Blüten mitgebracht hat. Dieser Pollen bleibt am Stempel hängen ①.

Der auf dem Stempel liegende Pollen bildet nun lange Schläuche in Richtung der Eizellen, die im Fruchtknoten sitzen. Sobald eine Eizelle erreicht ist, findet die Befruchtung statt. Die befruchtete Eizelle entwickelt sich im Inneren des Fruchtknotens weiter ②.

Die Blüte des Apfelbaums hat nun ihre Aufgabe beendet und braucht keine Bienen mehr anzulocken. Sie verwelkt, Blüten- und Staubblätter fallen ab. Der Fruchtknoten wird größer und formt einen kleinen grünen Apfel, der noch hart und sauer ist. Im Inneren entwickeln sich die Samen, die so vor Fraß geschützt bleiben ③.

Die Frucht ist durch ihren Stiel fest mit einem Ast verbunden. Während die Samen reifen, reichert sich im Fleisch Fruchtsaft an. Die Hülle bildet eine zarte Schale und wird rot, um mögliche Feinschmecker anzulocken. Wenn sie von keinem Tier gefressen wird, fällt die Frucht ab ④.

Tricks zur Vermehrung

Die Verbreitung der Samenkerne

Durch die Verbreitung der Samenkerne sichert sich die Pflanze eine hohe Vermehrungsrate. Fällt dagegen der Samen zu dicht neben die Mutterpflanze, konkurriert er mit ihr um Licht und Wasser.

Auch die Vögel ① tragen ihren Teil zur Verbreitung von Kernen und Samen bei. Manchmal vergisst das Eichhörnchen ②, wo es seine Nüsse vergraben hat, sodass die Samen keimen können.

Blühende Pflanzen überlassen den Transport gerne Wind und Wasser. So hängen die Samen des Löwenzahns ③ an einem Kranz weißer Haare und schweben wie Fallschirme davon. Kokosnüsse ④ werden vom Meer weggespült.

Unterirdische Reserven

Auch Pflanzen lagern Nahrung als Vorrat für schlechte Zeiten. Diese Reserven verdicken entweder den Stängel in Form einer Zwiebel ① oder eines Wurzelstocks ② oder sie verdicken die Wurzeln, die sich zu Knollen ③ entwickeln. So kann die Pflanze überleben, selbst wenn ihre überirdischen Teile absterben.

Frucht oder Gemüse?

Wir genießen sie, roh oder gekocht, als Gemüse. Aber Aubergine wie auch Kürbis und Tomate sind Früchte mit weichem Fruchtfleisch, die gelegentlich auch Saft enthalten. Sie entstehen nach der Bestäubung ihrer Blüten. Man braucht sie nur aufzuschneiden, um die darin enthaltenen Samen zu sehen.

DIE PFLANZEN
VERTEIDIGUNGSMITTEL

Maiglöckchen, gelbe Narzissen und Oleander sind Pflanzen, die oft in unseren Gärten und auf unseren Balkonen gedeihen. Wir ziehen sie wegen ihrer hübschen Blüten und ihres Duftes, ohne zu ahnen, dass sie starke Gifte enthalten. Schon ein kleines Stück vom Maiglöckchen kann einen Menschen ins Koma fallen lassen! In der freien Natur benötigen Pflanzen solche Verteidigungsmittel, um sich gegen ihre Fressfeinde zu wehren, denen sie ja nicht entfliehen können.

Die Rose ① hat wie ihr wilder Verwandter, der Weißdorn, Stacheln. Die mit Widerhaken versehenen Blätter der Distel ② dienen zur Abwehr. Auf den Blättern und am Stiel der Brennnessel ③ sitzen kleine Nesselhaare. Sie verursachen ein unangenehmes Brennen.

Schön, aber giftig

Bei der Narzisse ① ist nur die Zwiebel giftig, beim Maiglöckchen ② und beim Oleander ③ dagegen alle Teile der Pflanze. Man muss unbedingt jeden Kontakt mit dem Mund vermeiden. Der Oleander enthält Blausäure, die die Atmung lähmt. Blausäure ist das am weitesten verbreitete Gift in der Pflanzenwelt. Es ist auch in den Kernen von Kirschen, Pfirsichen oder Aprikosen ④ enthalten. Wegen dieses Giftes spucken die Tiere, nachdem sie das Fruchtfleisch gefressen haben, den Kern wieder aus ohne ihn aufgebrochen zu haben. Der Samenkern bleibt so intakt.

Zu viel ist zu viel!

Der Genuss der Akazie ⑤ ist zwar nicht tödlich, aber wenn die Blätter zu stark abgeweidet werden, erhöht sie ihren Gehalt an bitteren und unverdaulichen Gerbstoffen, die bei den Antilopen heftige Magenschmerzen auslösen. Sie kann außerdem ein Gas verströmen, das bei den benachbarten Akazien eine Erhöhung der Gerbstoffe auslöst. Kreuzblütler wie der Senf oder der Raps ⑥ bilden Senföle, die im Hals der Tiere brennen. Die Blätter des Klees ⑦ enthalten eine Substanz, die bei den Schafen die Fruchtbarkeit herabsetzt. Je kleiner die Herde wird, desto größere Chancen hat der Klee zu wachsen!

Achtung, Verletzungsgefahr!

Kampf gegen Insekten

Die Passionsblume ⑧ muss sich gegen die Raupen des Passionsblumenfalters ⑨ wehren. An ihren Blättern sitzen deshalb klebrige Haare, die für die Raupen zur Falle werden. An ihren Blättern bilden sie auch kleine kugelförmige Ausbuchtungen, die Schmetterlingseiern gleichen. In dem Glauben, die Blätter seien genügend bedeckt, verzichten Schmetterlinge auf die Eiablage.

Egoistische Pflanzen

Der Brombeerstrauch ⑩ und der Walnussbaum ⑪ versuchen, das Wachsen anderer Pflanzen in ihrer Nähe zu verhindern. Der Brombeerstrauch hat Stacheln, der Nussbaum setzt im Boden eine Substanz frei, die das Keimen anderer Samen blockiert.

Fleisch fressende Pflanzen

Diese auf der ganzen Welt verbreiteten Pflanzen ernähren sich zwar wie alle anderen Pflanzen durch die Fotosynthese. Da sie aber auf mageren Böden und Felsen, in Moor- oder Torfgebieten wachsen, brauchen sie zusätzlich Stickstoff. Sie verzehren daher Insekten, manchmal sogar kleine Eidechsen und Vögel, die sie über mehrere Tage hinweg mithilfe der Verdauungssäfte ihrer Blätter aussaugen.

Die Venusfliegenfalle ① lockt ihre Beute zwischen duftende Blätter, deren gezähnte Ränder sich wie eine Falle schließen.

Die glänzenden Tröpfchen an den Härchen der Blätter des Sonnentaus ② sehen aus wie Tau. Es ist aber klebriger Schleim, an dem Insekten hängen bleiben. Zur Verdauung rollt die Pflanze das Blatt ein. Die Schlauchpflanze ③ verdaut ihre Beute dagegen am Boden ihrer hornförmigen Blüte. Die Ränder der Blüte sind mit köstlichem Nektar überzogen, der allerdings glitschig ist und die Insekten bis zum Boden der Blüte rutschen lässt.

Die Kunst der Tarnung

Die Blätter des Lithops (Lebender Stein) haben genau die Farbe und Form der Steine seiner Umgebung. Dadurch entgeht er den Pflanzenfressern. Nur seine Blüte kann ihn verraten. Diese verwelkt aber nach wenigen Stunden.

BÄUME

Die ersten Bäume erschienen vor rund 350 Millionen Jahren auf der Erde. Viele von ihnen erreichen eine Höhe bis 30 oder gar 40 m. Andere sind so klein, dass man eher von Bäumchen oder Strauch sprechen muss. Drei große Klassen werden unterschieden. Das sind, in der Reihenfolge von der jüngsten zu der ältesten Klasse: die Laubbäume, die Nadelbäume und die Palmen. Alle diese Bäume haben in der Regel Samen, die ihre Vermehrung sichern.

Die Laubbäume

Die Laubbäume haben flache Blätter. Die der Rosskastanie sind handförmig gefingert, die der Pappel eher rund, die Trauerweide hat längliche, eng stehende Blätter. Bis auf wenige Ausnahmen wie die Stechpalme werfen die Laubbäume ihr Laub vor dem Winter ab. Einige wie die Birke haben sehr kleine Blüten, die als Kätzchen voller Pollen herabhängen und vom Wind weggetragen werden. Nach der Befruchtung wächst die Samenanlage heran, um die sich eine Frucht hüllt. Diese kann zart sein und einen Stein enthalten wie beim Olivenbaum, aber auch sehr hart wie bei der Eiche. Bei der Buche ist sie von einer stacheligen Hülle umgeben, an der Frucht des Ahorns sitzen zwei kleine Flügel.

Der Ginko ① mit fächerartigen Blättern hat sich seit der Zeit der Dinosaurier nicht mehr verändert. Dieser urzeitliche Baum hat keine Samen. Die befruchtete Samenanlage fällt zu Boden und keimt dort. Ein anderer altertümlicher, aber etwas höher entwickelter Baum ist der Palmfarn ②, der einer Palme ähnlich sieht. Er schließt seine Samen in Zapfen ein.

Blätter und Früchte

Drei große Familien

)ie Nadelbäume

)ie Nadelbäume haben nadel- oder ;chuppenförmige Blätter, die weniger Vasser verdunsten. Durch eine feine Vachsschicht sind die Nadeln auch)esser vor Kälte und Austrocknung jeschützt. Die Bäume müssen daher ıre Nadeln auch nicht vor dem Vinter abwerfen. Sie vermehren sich lurch Pollen. Er ist in den männlichen Blüten enthalten, die kleinen Zapfen ähneln. Diese öffnen sich, um den gelben Blütenstaub durch den Wind auf die weiblichen Zapfen übertragen zu lassen. Dort befinden sich klebrige Eianlagen, die den Pollen festhalten. Daraus entsteht der Samen. Die Schuppen der Zapfen öffnen sich erst dann vollständig, wenn die reifen Samen herausfallen sollen.

Die Palmen

Die immergrünen Blätter der Palmen wachsen in Fächer- ① oder Traubenform ②. Der Stamm ist wie ein riesengroßer Stiel, der in eine große Knospe einmündet, die von einem Blätterkranz umgeben ist. Die Früchte der Palmen können eine harte Schale wie bei der Kokosnuss ③ haben oder aber fleischig sein wie bei der Dattel ④.

Die Zapfen

Die Zapfen haben je nach Baumart verschiedene Formen. Die Zapfen der Lärche haben eine Kugelform. Es dauert zwei Jahre, bis die Zapfen reif sind und abfallen. Jeder Baum trägt daher ständig zwei verschiedene Generationen von Zapfen: die einen noch grün, die anderen fast schon reif. Die Lärche verliert im Herbst ihre Nadeln.

DAS LEBEN EINES BAUMS

Bäume brauchen viel Zeit zum Wachsen. Die in den Wäldern Europas häufigen Eichen wachsen in 20 Jahren nicht mehr als 10 bis 15 m. Sie erreichen ihre endgültige Größe von durchschnittlich 40 m erst nach 50 bis 80 Jahren. Dann allerdings können sie Jahrhunderte überdauern, wenn die Natur es zulässt, das heißt, solange der Saft im ganzen Baum fließen kann, der ihn ernährt und wachsen lässt.

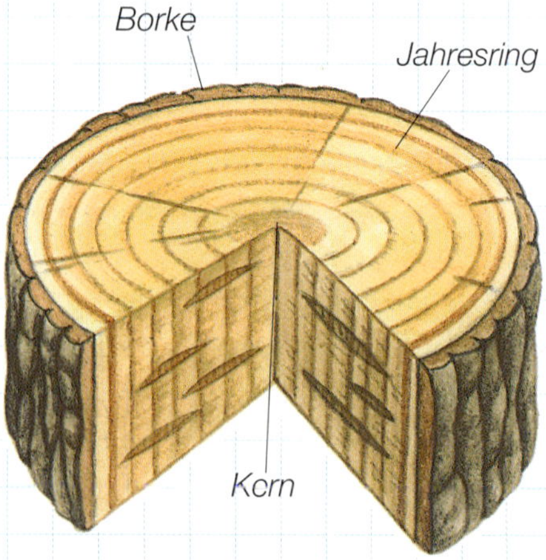

Der Stamm einer Eiche kann einen Durchmesser von 1 m erreichen. Jedes Jahr vergrößert sich der Stamm um einen Ring neuen Holzes unter der Borke. Konnte der Baum unter guten Bedingungen wachsen, ist dieser Ring recht dick, wenn nicht, fällt er eher dünn aus. An der Zahl der Jahresringe lässt sich das Alter des Baums ablesen.

Das Wachstum

Eine Eiche wächst ihr ganzes Leben lang. Jedes Jahr sprießen kleine Zweige, die größer und härter werden, bis sie zu Ästen herangewachsen sind. In den Knospen sind neue Triebe enthalten, die durch einen dichten Mantel geschützt werden. Die darin verborgenen Blätter und Blüten kommen erst im Frühling hervor.

Die Reife

Eine Eiche kann sich erst im Alter ab etwa 50 Jahren vermehren. Sie trägt dann Blüten, die vom Wind bestäubt werden. Nach der Befruchtung entwickeln sich daraus Früchte: die Eicheln. An einer gesunden Eiche sitzen tausende von Eicheln.

Die Schösslinge

Im Herbst fallen die Eicheln zu Boden. Die Samen im Inneren ruhen den ganzen Winter über. Im Frühling reichern sich die Eicheln mit Wasser an. Die Schale öffnet sich und gibt einen Keim frei, der jetzt Wurzeln ausbildet ①. Mit dem Wachsen des Stängels wird der im Boden verankerte Samen nach oben geschoben ②. Zwei kleine Blätter sprießen hervor ③. Nun steht der kleinen Eiche auf ihrem Weg zum großen Baum nichts mehr im Weg – falls sie nicht im Schatten einer großen Eiche wächst oder von Hirschen abgeweidet wird.

Eine Lebenserwartung von 400 Jahren

Die Blätter

Zur Fotosynthese nehmen die Blätter den Saft auf, der von den Wurzeln kommt. Er gelangt von den Ästen über den Blattstiel zu den Blättern und fließt dort durch feine Kanäle, die Blattadern. Im Winter wird die Fotosynthese wegen Lichtmangels eingestellt und der Fluss des Saftes verlangsamt sich. Die Blattstiele werden hart und die nicht mehr versorgten Blätter welken und fallen ab.

Die Borke besteht aus totem Bast (Teil der Rinde). Sie schützt das Innere des Stamms, wo der Saft fließt. Sie bricht entsprechend dem Wachstum des Baums auf. Eine große, weit verzweigte Wurzel, die bis 5 m tief in den Boden reicht, sorgt für die Verankerung der Eiche. Weitere Wurzeln erstrecken sich auf einer Fläche von mehr als 18 m um den Stamm herum. Sie entnehmen mit ihren Wurzelfäden dem Boden Wasser und Nährstoffe.

Die Feinde des Baums

Der Mensch ist ein Freund des Baums, wenn er den Wald lichtet und dadurch für gutes Wachstum sorgt. Aber er ist sein Feind, wenn er ganze Wälder rodet.

Der Baum wird auch durch Larven, Raupen und Insekten bedroht, die seine Blätter fressen. Einige Insekten bohren Gänge in seine Borke, die den Weg für schädliche Pilze frei machen.

Die Bäume leiden unter der Luftverschmutzung durch den sauren Regen, der auf sie niedergeht und ihnen stark zusetzt. Auch durch Feuer werden Wälder zerstört.

Die Mistel ist eine Schmarotzerpflanze, die sich vom Saft der Bäume ernährt und dadurch deren Wachstum verlangsamt. Der Efeu nimmt den Bäumen das Licht weg, wenn er sich um sie windet.

WÄLDER VERGANGENER ZEITEN

Die Paläontologen können anhand von Fossilienfunden die Tierwelt vergangener Zeiten rekonstruieren und die Paläobotaniker die Pflanzenwelt. Dies ist vor allem durch Abdrücke von Blättern in Kohleschichten möglich. Gelegentlich werden ganze Stämme in versteinerter Form gefunden. Aus jüngeren Perioden haben sich Pollen und selbst Samen erhalten. Der Samen einer Japanischen Magnolie keimte sogar noch nach einer Ruhezeit von 2000 Jahren!

Der Wald im Erdaltertum

Einer der ältesten durch Fossilien bekannten Wälder wuchs vor 350 Millionen Jahren. Er erstreckte sich in einem feuchtheißen Klima an einer sumpfigen Küste im Nordosten der USA. Er bestand aus palmenartigen Pflanzen, den Bärlappgewächsen, sowie aus 15 m hohen Farnen ① und Schachtelhalmen ② von 30 m Höhe. Schachtelhalme wachsen heute als grashohe Wildkräuter. In diesen Wäldern der Karbonzeit innerhalb des Erdaltertums tauchten etwas später auch gigantische Insekten auf: Tausendfüßer mit einer Länge von 1,80 m und Libellen mit einer Flügelspannweite von 65 cm. Aus den Überresten dieser frühen Wälder entstanden die großen Kohleflöze unseres Planeten.

Der Wald im Erdmittelalter

Zu Beginn des Erdmittelalters, im Trias-Zeitalter vor 250 Millionen Jahren, wuchsen Palmfarne ③, eine Palmenart, sowie Nadelgehölze ④. Diese Bäume konnten sich durch die Abkühlung des Klimas entfalten. Als das Klima im Jura-Zeitalter vor 150 Millionen Jahren wieder feuchtheiß wurde, wuchsen große Nadelwälder mit über 10 000 Arten (heute sind es 600 Arten). Dinosaurier und kleine Säugetiere bevölkerten die Wälder, zugleich entwickelten sich die ersten Blütenpflanzen.

Die ersten Wälder auf unserem Planeten

Der Wald im Tertiär

Nach dem Aussterben der Dinosaurier vor 65 Millionen Jahren und einer neuerlichen Abkühlung des Klimas wurde die Erde zu einem tropischen Paradies. Da sich die Blütenpflanzen schneller als die Nadelhölzer vermehrten, wurden sie zur vorherrschenden Vegetation. Primaten, Vögel und Insekten ernährten sich von ihren Früchten und ihrem Nektar. Die Palmen breiteten sich vom Äquator bis zum heutigen Grönland aus und überall wuchsen Ginkobäume. In Europa gediehen Magnolien ⑤, Forsythien ⑥, Mammutbäume und Araukarien, die heute für Chile typisch sind, sowie Lorbeer- und Avocadobäume. Die Wälder differenzierten sich dann stärker, als am Ende des Tertiärs vor 5 Millionen Jahren eine neue Eiszeit hereinbrach. Eichen, Ahornbäume, Buchen und Pappeln verbreiteten sich nun auf der Nordhalbkugel.

Der Wald im Quartär

Ab einer Zeit vor etwa 2 Millionen Jahren folgten mehrere Eiszeiten aufeinander. In Mitteleuropa erstreckte sich eine Tundra mit Flechten und Moosen. Die Kiefer ⑦, die Birke ⑧ und die Weide ⑨, die der Kälte besser trotzen konnten, sowie der Wacholder gediehen nun in Europa, wo die ersten Menschen Bisons und Pferde in der Steppe jagten. Da die Laubbäume dem gefrorenen Boden kein Wasser mehr entnehmen konnten, warfen sie ihre Blätter während der kalten Jahreszeit ab. Die Laubbäume bildeten von nun an die großen Wälder in den gemäßigten Zonen, als das Klima sich vor 12 000 Jahren wieder erwärmte. Die ersten Bauern rodeten die Wälder, um den Boden zu bebauen.

DIE EVOLUTION

Seit das Leben vor 3,5 Milliarden Jahren im Meer zum ersten Mal in Erscheinung trat, hat es sich ständig gewandelt. Wir sprechen von der Evolution: Neue Lebensformen entstehen als Reaktion auf Änderungen im Lebensumfeld, während andere Formen verschwinden, unfähig, sich an die neuen Bedingungen anzupassen. Die überlebenden Arten nehmen ihren Platz ein und entwickeln vielfältige Formen.

Vor 3,5 Milliarden Jahren

Das Leben entsteht im Wasser erst in Form von Bakterien ① und dann von mikroskopisch kleinen Blaualgen ②. Eines Tages nehmen diese primitiven Organismen das Sonnenlicht in sich auf und geben Sauerstoff ab.

Vor 600 Millionen Jahren

Der angereicherte Sauerstoff ermöglicht die Entstehung komplexerer Lebewesen. Die ersten Tiere sind Wirbellose mit einem weichen Körper wie die Quallen ③. Die Trilobiten ④, die Vorfahren der Insekten und Krustentiere, haben schon einen Panzer.

Vor 200 Millionen Jahren

Nach dem Hylonomus, der zur Fortpflanzung nicht mehr ins Wasser gehen muss, kommen auch die Reptilien an Land. Das Klima wird kälter. Viele Kaltblüter sterben aus. Die Dinosaurier ⑩ beherrschen unseren Planeten.

Vor 180 Millionen Jahren

Einige Reptilien entwickeln Brustdrüsen: Es ist die Geburtsstunde der Säugetiere ⑪. Sie sind zunächst nicht größer als eine Spitzmaus und leben im Schatten der Dinosaurier. Sie kommen nur nachts zum Vorschein.

Vor 65 Millionen Jahren

Durch eine Naturkatastrophe sterben die Dinosaurier sowie drei Viertel aller Tiere und Pflanzen aus. Die Säugetiere und Vögel (letztere sind Nachkommen der Dinosaurier), spalten sich in viele Arten auf und besetzen alle Lebensräume.

Die Wandlungen des Lebens

Vor 480 Millionen Jahren

Die Kieferlosen ⑤, die ersten Fische, haben weder Flossen noch Kiefer, aber ein Innenskelett aus Knorpel wie die Haie. Der 7 m lange Dunkleosteus ⑥ ist ein Riesenpanzerfisch.

Vor 350 Millionen Jahren

Fische mit vier Flossen entwickeln sich. Bei einigen werden die Flossen zu Füßen, die Kiemen zu Lungen. Der Ichthyostega ⑦, ein Vorfahre des Frosches, wagt sich an Land.

Vor 320 Millionen Jahren

Die Amphibien legen ihre Eier noch im Wasser ab. Der Hylonomus ⑧ ist schon einen Schritt weiter: Seine Eier sind mit einer Flüssigkeit gefüllt und durch eine Schale geschützt. Zur gleichen Zeit entwickeln sich an Land zahlreiche Rieseninsekten ⑨.

Vor 4,2 Millionen Jahren

Der Glyptodon ⑫, ein Vorfahre des Riesengürteltiers, lebt in Südamerika. In den Tropenwäldern führt die Entwicklung der Primaten ⑬ zum Stamm der Hominiden. Der Australopithecus ⑭, ein höher entwickelter Zweibeiner, erobert die afrikanische Savanne.

Vor 2 Millionen Jahren

Die Menschen in Europa und Asien jagen Tiere, die sich an die Kälte angepasst haben, wie das Wollnashorn ⑮ und das Mammut ⑯. Dieses hat in Nordamerika noch einen anderen Feind: den Smilodon ⑰, auch Säbelzahntiger genannt.

Vor 100 000 Jahren

Unser direkter Vorfahre, der Homo sapiens sapiens ⑱ bevölkert schon lange Zeit die Erde, bevor er das Land kultiviert. Die Menschen sind für die Ausrottung zahlreicher Tierarten verantwortlich, wie des Dodos ⑲, eines Laufvogels auf der Insel Mauritius.

WEICH- UND KRUSTENTIERE

Weich- und Krustentiere zählen zu den ältesten Tieren überhaupt. Sie sind wirbellos, wie übrigens die meisten Tiere auf unserem Planeten. Wie ihr Name schon sagt, haben Weichtiere einen weichen Körper. Viele von ihnen schützen sich durch eine Schale. Die ebenfalls wirbellosen Krustentiere haben zu ihrem Schutz einen Panzer entwickelt. Gegenüber den Weichtieren haben sie einen großen Vorteil: Sie besitzen Beine, mit denen sie sich fortbewegen können.

Die Riesenmuschel

Mit ihren 200 kg ist die Riesenmuschel das größte Weichtier. Ihre Schale wird bis zu 1 m breit. Dieser zur Unbeweglichkeit verurteilte Riese, der in den tropischen Meeren zu Hause ist, filtert seine Nahrung aus dem Wasser. Im Inneren leben Algen, aus denen die Muschel zusätzlich Energie bezieht.

Kopffüßer

Von den anderen Weichtieren unterscheiden sich die Kraken, Kalmare und Tintenfische durch ihr entwickeltes Gehirn und ihre Schnelligkeit. Sie sammeln in ihrem Körper Meerwasser. Wenn sie das Wasser herauspressen, schießt ihr Körper nach vorne. So bewegen sie sich fort. An ihren Armen – der Krake hat acht, der Kalmar zehn – sitzen Saugnäpfe. Die Arme leisten hervorragende Dienste beim Fangen von Fischen und Krustentieren. Zum Schutz vor ihren Feinden können die Kopffüßer eine Tintenwolke ausstoßen, in deren Nebel sie dann verschwinden.

Bis zum Ausschlüpfen der Jungen lässt das Krakenweibchen seine Eier nicht mehr aus den Augen. Anschließend stirbt es vor Hunger und Erschöpfung.

Der Tintenfisch tarnt sich durch den Wechsel seiner Körperfarbe.

Bauchfüßer oder Schnecken

Egal ob mit oder ohne Haus (wie die Nacktschnecken): Diese Weichtiere haben als Fortbewegungsmittel nur einen Fuß in Form eines Saugnapfes, mit dem sie kriechen. Dabei sondern sie Schleim ab, auf dem sie besser gleiten können. Außerdem schützt der Schleim sie vor Austrocknung. Ihre Augen sitzen oben auf dem Kopf, am Ende ihrer Fühler.

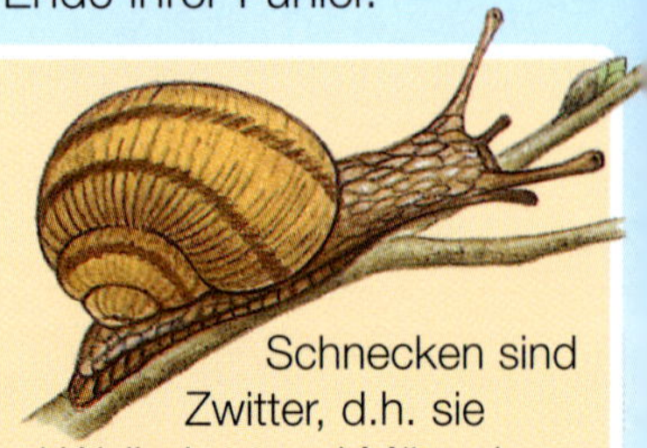

Schnecken sind Zwitter, d.h. sie sind Weibchen und Männchen zugleich. Sie können sich daher mit jeder Schnecke ihrer Art paaren. Beide Partner legen anschließend Eier.

Strand-, Napf- und Wellhornschnecken, die allesamt im Meer leben, gehören zur Klasse der Bauchfüßer.

Der Kalmar verspritzt ein Gift, mit dem er seine Gegner lähmt.

An den Anfängen tierischen Lebens

Muscheln

Ihre Schalen bestehen aus zwei Teilen bzw. Klappen, die durch ein Scharnier miteinander verbunden sind. Sie sind schwierig zu öffnen. Einige Muschelarten, wie die Jakobsmuschel, schwimmen, indem sie ihre Schale öffnen und schließen. Die meisten sind jedoch ortsgebunden: Austern und Miesmuscheln heften sich an Steinen fest, Herzmuscheln und Scheidenmuscheln graben sich im Sand ein. Zur Ernährung filtern sie das Meerwasser durch Teleskopröhren, so genannte Siphos. Einige Muscheln leben im Süßwasser, wie die Teichmuschel, die aussieht wie eine große gelbe Miesmuschel.

Krustentiere

Die höchstens 2 cm großen Asseln, die man oft unter Steinen findet, leben an Land, der Flusskrebs in Flüssen und die Krabbe im Meer, aber all diese Krustentiere haben einen Panzer. Sie produzieren ihn selbst und wechseln ihn jedes Mal, wenn sie wachsen. Nur der Einsiedlerkrebs hat keinen solchen Schutz: Er muss sich in die verlassenen Schalen von Weichtieren zurückziehen. Die Krustentiere verständigen sich untereinander mit ihren langen Fühlern. Bei einigen hat sich ein Fußpaar in Zangen umgewandelt, so beim Hummer. Sie dienen der Verteidigung oder werden genutzt, um die Beute zu fassen und zu zerquetschen.

Nesseltiere

Quallen, Korallentiere und Seeanemonen sind sehr primitive Tiere. Sie fangen ihre Beute mit ihren giftigen Tentakeln, die rund um ihre Mäuler sitzen.

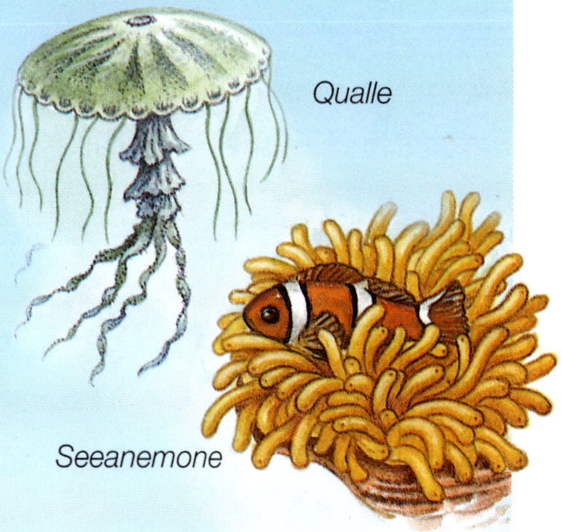

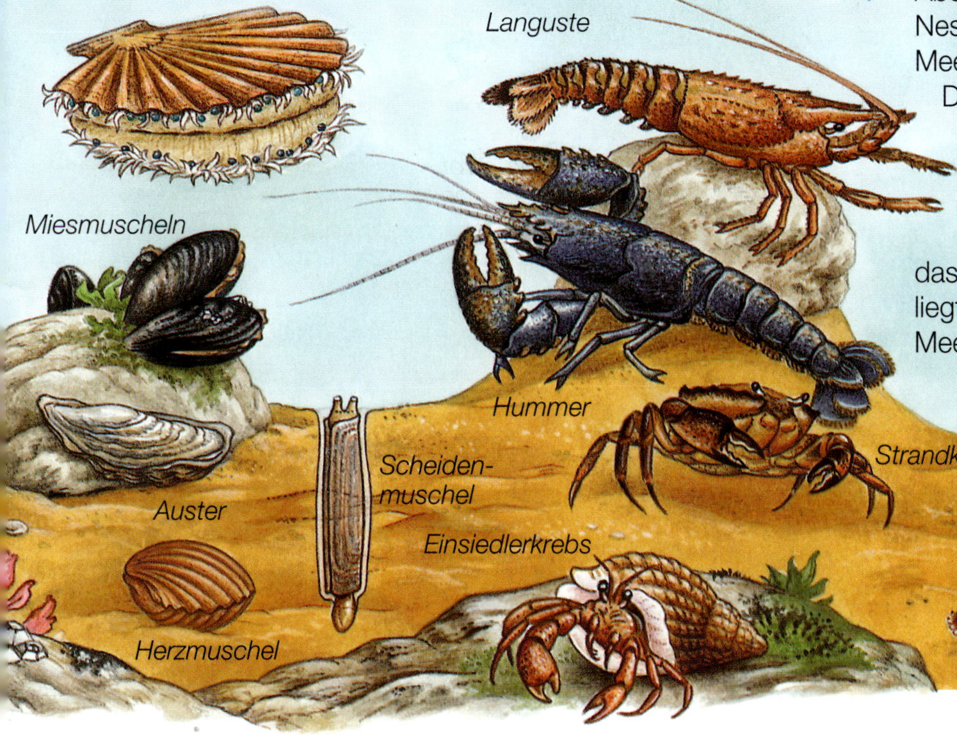

Stachelhäuter

Seeigel und Seestern haben weder Kopf noch Schwanz. Aber im Gegensatz zu den Nesseltieren besitzen diese Meerestiere einen Kalkmantel. Deshalb wird ein toter Seestern starr. Im Inneren dieser Hülle ist der Körper mit Röhren durchzogen, durch die die Nahrung und das Wasser fließen. Der Mund liegt auf der Seite, die dem Meeresgrund zugewandt ist.

DIE TIERE
INSEKTEN

Die Insekten beherrschen das Tierreich. Sie pflanzen sich rasend schnell fort und obwohl viele von ihnen keine Flügel haben, sind sie fast überall zu finden. Sie spielen oft eine sehr wichtige Rolle, aber einige von ihnen richten auch große Schäden an, indem sie ganze Äcker kahl fressen oder Krankheiten verbreiten. Wie die Krusten- und die Spinnentiere sind auch sie Gliederfüßer: Sie haben ein Außenskelett und sechs Gliederbeine.

Am Kopf sitzen zwei Antennen und die Augen (ein Paar Facettenaugen und 1 bis 3 Einzelaugen). Der Mund verlängert sich in Mandibeln, die die Nahrung zermahlen oder in einen Rüssel, der die Nahrung auftupft oder aufsaugt. Die Beine sitzen vorne an der Brust ebenso wie die Flügel, die über dem Hinterleib zusammengefaltet werden.

Die Flügel

Insekten haben in der Regel zwei Flügelpaare. Bei den Schmetterlingen sind sie oft bunt gefärbt. Die Käfer, wie z.B. der Marienkäfer oder der Maikäfer, fliegen mit den dünnen und transparenten Hinterflügeln. Solange sie nicht in Gebrauch sind, liegen sie unter den harten Vorderflügeln. Mücken und Stechmücken gehören zu den Zweiflüglern. Sie haben nur ein Paar Flügel und ein Paar Schwingkölbchen, mit dem sie während des Flugs balancieren.

... und die Beine

Einige Insekten haben zwar Flügel, aber sie ziehen es vor, am Boden zu bleiben. Die Heuschrecke kann mit ihren kräftigen Hinterbeinen weit springen und so der Gottesanbeterin entkommen, die sie mit ihren stachelbesetzten Vorderbeinen fängt. Mit seinen Hinterbeinen rollt der Mistkäfer rückwärts Kotkugeln, die zu seinen Lieblingsspeisen gehören. Die Laus hat keine Flügel. Sie klammert sich mit ihren harten, hakenförmig umgebogenen Klauen fest.

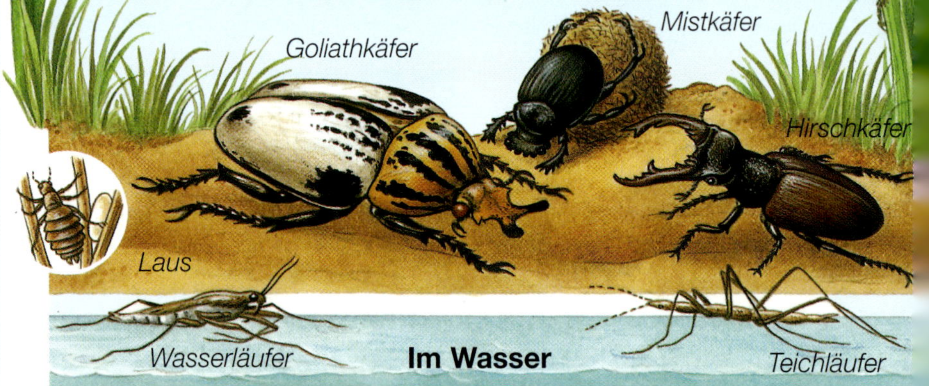

Im Wasser

Die Insekten haben auch stehende und fließende Gewässer erobert. Während die sehr leichten Teich- und Wasserläufer auf der Wasseroberfläche laufen, verbringt der Gelbrandkäfer mehr Zeit unter als über dem Wasser.

8 von 10 Tieren sind Insekten!

Die Metamorphose

Der Schmetterling wird nicht mit seinen schönen Flügeln geboren. Aus dem Ei ① schlüpft zunächst eine Larve ②, die sich von Blättern ernährt und zu einer großen Raupe ③ heranwächst. Sie häutet sich mehrfach, bevor sie sich verpuppt. Im Inneren der Puppe ④ wandelt sich die Raupe dann in einen Schmetterling um.

Die Libelle durchläuft eine unvollständige Metamorphose: Aus dem Ei ① im Wasser schlüpft eine Nymphe ②, die mehrere Jahre unter Wasser lebt. Wenn sie aus dem Wasser krabbelt, bricht ihr Nymphenkleid auf. Die Libelle ③ klettert heraus. Sind ihre Flügel ausgehärtet, fliegt sie davon ④.

Die Bienen

Bienen sind für das Gleichgewicht der Natur sehr wichtig! Wenn sie den Nektar der Blüten, einen süßen Saft, aufsaugen, den sie in einem „Sack“ in ihrer Speiseröhre in den Bienenstock transportieren, sammeln sie gleichzeitig an ihren Beinen den feinen Blütenstaub, Pollen genannt. Diesen Pollen transportieren sie dann in den Stock sowie von Blüte zu Blüte und sichern den Pflanzen somit die Fortpflanzung: Diesen Vorgang nennt man Bestäubung. In ihrem Stock leben sie in einem streng organisierten Staat. Die Männchen, auch Drohnen genannt, befruchten die Königin, die nichts tut außer Eier legen. Die Arbeiterinnen füttern die Königin und die Larven, reinigen den Stock und stellen aus dem Nektar Honig her, den die Flugbienen bringen.

Die Ameisen

Es gibt etwa 9000 Ameisenarten, die alle in Staaten leben. Diese bestehen z.B. bei den Furcht erregenden Fleisch fressenden tropischen Soldatenameisen aus mehreren Millionen Tieren. Viele andere Ameisenarten begnügen sich mit Körnern oder Pilzen. Die Arbeiterinnen sammeln die Nahrung und bauen die Ameisenbauten, die von den Soldaten verteidigt werden. Die bestgenährten Larven werden zu Königinnen, die keine Flügel haben.

FISCHE

Die Fische waren die ersten Wirbeltiere auf unserem Planeten und sind heute noch am zahlreichsten: Es sind ca. 23 800 Arten bekannt, die im Salz- und Süßwasser leben. Neun von zehn sind Knochenfische. Die Gräten bestehen aus sehr feinen Knochen, die das Innenskelett bilden. Haie und Rochen dagegen haben ein Skelett aus Knorpel, einem viel weicheren Material.

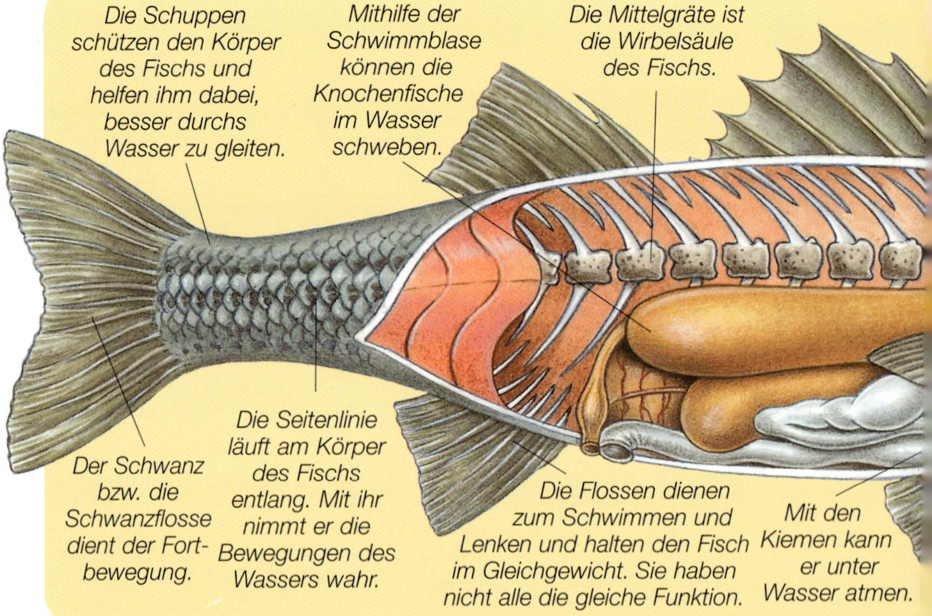

Der Walhai

Mit einer Größe von bis zu 14 m ist er der größte Vertreter aller Fische. Trotzdem ernährt er sich nur von Plankton, einem Gemisch aus mikroskopisch kleinen Pflanzen und kleinen Fischen und Kalmaren, die er aus dem Wasser filtert.

Atmen

Bis auf wenige Ausnahmen atmen die Fische über die Kiemen. Sie filtern das Wasser und entziehen ihm so den Sauerstoff, der dann ins Blut gelangt. Das gefilterte Wasser wird durch die Kiemenspalten wieder ausgepresst. Damit der Fisch nicht ertrinkt, werden die Kiemenspalten geschlossen, wenn sich das Maul öffnet.

Schweben

Die meisten Fische sind schwerer als Wasser. Um nicht zu versinken, besitzen die Knochenfische eine Art innere „Boje“: die Schwimmblase. Sie ist ein mit Gas gefüllter Sack, der je nach Bedarf gefüllt und geleert wird. Haie und Rochen haben keine Schwimmblase. Sie müssen daher ununterbrochen schwimmen.

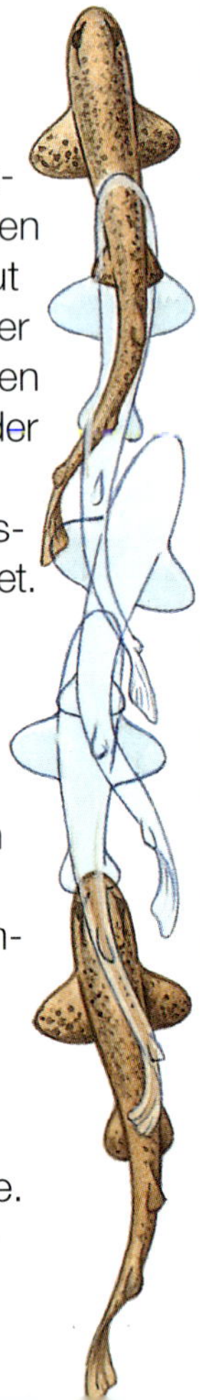

Schwimmen

Um voranzukommen, bewegen die Fische ihre Schwanzflosse von links nach rechts: Sie schwimmen wellenförmig. Die Rückenflosse und die Afterflosse nahe der Schwanzflosse halten den Körper im Gleichgewicht.

Fliegen

Rochen schwimmen, indem sie ihre Brustflossen von oben nach unten bewegen. Sie scheinen im Wasser zu fliegen. Fliegende Fische schweben über der Wasseroberfläche. Um aus dem Wasser zu kommen, schlagen sie ganz schnell mit ihrer Schwanzflosse.

Roch

Die zahlreichsten unter den Wirbeltieren

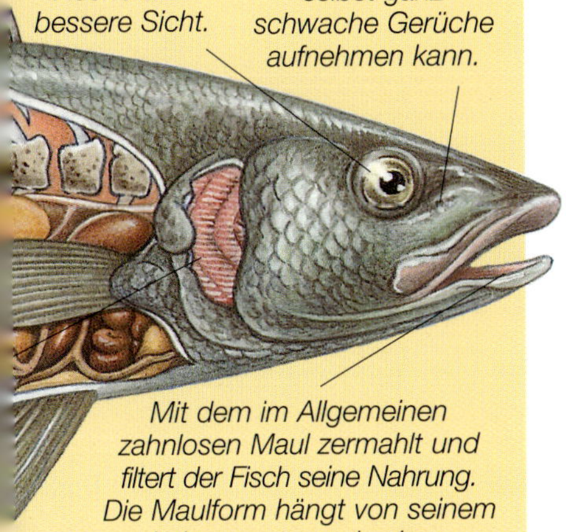

Sich verteidigen

Viele kleine Fische schützen sich vor ihren Fleisch fressenden Artgenossen, indem sie in dichten Schwärmen schwimmen. Sie bewegen sich alle in die gleiche Richtung und erwecken so den Eindruck, ein einziger riesengroßer Fisch zu sein.

Die Sinne

Der Fisch verlässt sich auf seinen sehr guten Gehörsinn und seine Augen. Die Geräusche werden manchmal durch die Schwimmblase verstärkt, die zum Resonanzkasten wird. Die Seitenlinie, die ein weiteres wichtiges Organ für die Orientierung unter Wasser ist, registriert die schwächsten Wellenbewegungen, gleich ob es sich um die Bewegungen der Artgenossen im Schwarm oder die eines Feindes handelt.

Fressen

Die Beute der Fische ist sehr unterschiedlicher Natur, vom kleinsten Plankton bis hin zu sehr großen Fischen. Einige Fische ernähren sich auch von Algen oder Wasserpflanzen. Der Furcht erregendste Jäger ist der bis zu 6 m lange Weißhai, der große Fische, Meeressäuger und andere Haie, manchmal sogar Menschen angreift.

Die Fortpflanzung

Bei den meisten Fischen werden die Eier außerhalb des Körpers des Weibchens befruchtet. Das Weibchen legt dabei seine Eier ins Wasser und das Männchen stößt seinen Samen darüber aus. Die Jungfische schließen ihre Entwicklung nicht vollständig im Ei ab. Sie schlüpfen schon als Larven. Andere Fische wie die Haie paaren sich. Die Befruchtung findet im Mutterleib statt. Das Weibchen behält die Eier bis zur Geburt der gut entwickelten Jungen in seinem Bauch.

Bei den Seepferdchen werden die Eier in der Bauchtasche des Männchens befruchtet und ausgebrütet!

Seepferdchen

Meeraal

Scholle

Fliegender Fisch

AMPHIBIEN UND REPTILIEN

Die Amphibien waren die ersten Wirbeltiere, die das Meer verließen, aber sie haben sich niemals wirklich vom Element Wasser gelöst. Frösche und Kröten, Molche und Salamander leben zwischen Land und Wasser. Ihre Nachkommen, die Reptilien, konnten sich vollkommen von der Abhängigkeit vom Wasser lösen. In ihrer Blütezeit, der Zeit der Dinosaurier, konnten einige von ihnen sogar fliegen!

Ein Riesenfrosch

An den Bächen in Kamerun und Äquatorialguinea lebt der Goliathfrosch. Er ist der größte Frosch der Welt. Am Rio Muní fand man ein Exemplar, das vom Kopf bis zu den mächtigen Hinterfüßen 76 cm groß war.

Die Amphibien

Fast neun von zehn Amphibien sind Frösche oder Kröten – es gibt mehr als 4000 Arten! Die meisten von ihnen leben in den Tropen. Die Molche ① und Salamander ② kommen hauptsächlich auf der nördlichen Hemisphäre vor. Sie behalten ihren Schwanz bis ins Erwachsenenalter. Einige Salamander leben ausschließlich im Wasser.

Leben außerhalb des Wassers

Aber die meisten Amphibien verbringen ihr Erwachsenenleben an Land oder sogar auf Bäumen! Ihre nackte und glatte Haut schützt sie nur schlecht: Trotz der Drüsen, die eine Art Schleim produzieren, mit der sie ihre Haut feucht halten, trocknen sie schnell aus. Die meisten Amphibien sind Lungenatmer, nehmen aber auch Luft durch die Haut auf. Deshalb bevorzugen Amphibien Schatten und Feuchtgebiete, feuchte Hitze und regenreiches Klima. Wenn es zu kalt wird, halten sie einen Winterschlaf. Die Augenlider, die die Augen feucht halten und die Zunge, mit der sie die Nahrung vor dem Schlucken befeuchten, sind weitere Zeichen für ihre Anpassung an das Leben an Land.

Als Erbe ihrer Abstammung schwimmen die Kaulquappen, haben einen Schwanz und Kiemen zum Atmen. Beine und Lungen entwickeln sich erst später.

Im Wasser groß werden

Die Amphibien kehren zur Fortpflanzung ins Wasser zurück. Aus ihren Eiern ①, die schwimmen oder an Pflanzen hängen, schlüpfen Larven, so genannte Kaulquappen ②.

Einige Froscharten haben lebhafte und auffallende Farben. Sie sollen ihre Feinde davor warnen, dass sie giftig sind. Diese haben kein Interesse mehr daran, sie zu berühren und dadurch vergiftet zu werden.

Maki- oder Greiffrosch

Baumsteigerfrosch

Die Eroberung des Landes

Die Reptilien

Echsen haben Beine, Schlangen dagegen nicht. Aber beide sind Reptilien. Sie bewegen sich durch Kriechen fort, indem sie Wellenbewegungen ausführen. Die Echsen benutzen ihren Schwanz als Balancierstab.

Sonnenbad

Reptilien regeln ihre Körpertemperatur über ihre Haut. Dadurch erklärt sich zum großen Teil der Farbwechsel bei den Chamäleons. Als Kaltblüter haben die Echsen keine innere Heizung wie die Säugetiere. Ihre Temperatur sinkt, wenn die Außentemperatur fällt.

Bei weniger als 30 °C oder 40 °C müssen sie sich aufwärmen. Deshalb machen sie es sich oft in der Sonne bequem. Im Gegensatz dazu graben sich die Amphibien in den Wüsten am Tag im Sand ein, um sich nicht zu überhitzen.

Erneuerbare Schuppen

Schildkröten schützen die weichen Teile ihres Körpers durch einen Panzer. Bei Gefahr ziehen sie den Kopf und ihre Beine ein. Wie bei allen Reptilien ist auch ihre Haut mit Schuppen bedeckt. Diese trockene Haut schützt sie vor Parasiten und Feinden. Die Schuppen fallen ab und erneuern sich wieder: So kann das Tier wachsen. Einige Eidechsen können ihren Schwanz bei Gefahr abwerfen, der dann wieder nachwächst.

Unterschiedliche Ernährungsweisen

Die meisten Schildkröten sind Pflanzenfresser, der Großteil der Echsen dagegen bevorzugt Insekten. Das Chamäleon hat eine einzigartige Technik entwickelt, seine Beute zu fangen: Es „fischt" die Insekten mit seiner langen Zunge, deren Spitze klebrig ist. Schlangen und Krokodile sind Furcht erregende Fleischfresser. Schlangen besitzen ein spezielles Organ, mit dem sie ihre Beute aufspüren: Mit ihrer gespaltenen Zunge erfühlen sie ihre Wärme oder „schmecken" ihren Geruch. Sie brauchen sie dann nur noch zu erwürgen oder mit ihrem Gift zu lähmen.

Schlangen häuten sich in einem Stück vom Kopf bis zum Schwanz.

Hartschalige Eier

Im Gegensatz zu den Eiern der Amphibien haben die der Reptilien eine harte Schale und sind mit einer Flüssigkeit gefüllt, in der sich der Embryo entwickelt. Die meisten von ihnen legen ihre Eier an Land. Von allen Reptilien bewacht nur das Krokodilweibchen sein Nest.

VÖGEL

Seit sich die Schuppen eines Dinosauriers vor 140 Millionen Jahren in Federn umgewandelt haben, beherrschen die Vögel den Himmel. Mit ihren kräftigen Flügeln und ihrem zwar leichten, aber doch widerstandsfähigen Skelett sind sie perfekt an das Leben in den Lüften angepasst. Aber in dieser großen Gruppe von etwa 9000 Arten sind die Lebensweisen so verschieden wie die Farben ihrer Federn.

Rotkehlchen

Goldfasan

Papagei

Sperlingsvögel

Fast zwei von drei Vögeln sind Sperlingsvögel wie z.B. das bei uns heimische Rotkehlchen. An ihren Füßen sitzen vier Krallen, von denen eine nach hinten gedreht ist: Sie können sich so bequem auf einem dünnen Zweig eines Buschs oder eines Rosenstrauchs festhalten. Dies gelingt ihnen auch deshalb, weil ein Großteil von ihnen klein und leicht ist. Sperlingsvögel sind nicht nur gute Sänger, sondern auch hervorragende Nestbauer.

Hühnervögel

Der Fasan gehört zu den Hühnervögeln. Er lebt am Boden. Wegen seines Gewichts kann er nicht weit fliegen, aber er steigt bei Gefahr sehr schnell auf. Das Männchen hat einen langen Schwanz, der jedoch nicht so schön ist wie der des Pfaus, der ebenfalls zu den Hühnervögeln zählt.

Die kleinen Hühner- und Wasservögel können sich alle schon wenige Stunden nach dem Schlüpfen selbst ernähren. Die anderen Jungvögel werden von ihren Eltern gefüttert.

Wasservögel

Wie die Ente hat auch der Albatros Schwimmhäute zwischen den Zehen. Doch im Gegensatz zu der Ente, die im Süßwasser lebt, ist der Albatros der Herr der Meere. Er schwimmt oder vielmehr fliegt ununterbrochen dicht über den Wellen, immer auf der Suche nach Fischen. Selbst Unwetter können ihm nichts anhaben. Er pflanzt sich an Land fort, wo er in Kolonien lebt.

Die Federn

Die Daunen ① schützen den Körper vor Kälte. Die Deckfedern ② geben dem Vogel eine stromlinienförmige Gestalt. Die großen Federn der Flügel, die Schwungfedern ③, ermöglichen das Fliegen. Mit den Schwanzfedern ④ steuert der Vogel.

Albatros

Roter Ibis

Sie legen alle Eier

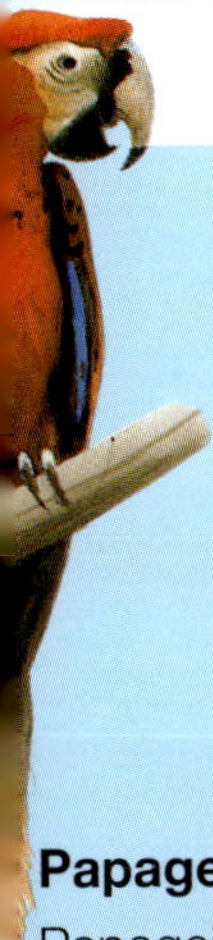

Eule

Weißkopfseeadler

Papageien

Papageien sind herrlich bunt gefiederte Vögel, die im tropischen Regenwald zu Hause sind. Sie leben dort in Kolonien. Mit ihrer großen Zunge, die sie in ihrem mächtigen Schnabel drehen, können sie allerlei Laute hervorbringen und sogar den Menschen nachahmen, wenn sie dressiert sind.

Laufvögel

Der Strauß ist der größte aller Vögel. Er ist zu schwer zum Fliegen, aber er kann bis zu 70 km/h schnell laufen.

Stelzvögel

Mit seinen langen Stelzbeinen kann der Rote Ibis im Schlamm waten, ohne sein Federkleid nass zu machen, wenn er seinen Kopf ins Wasser steckt.

Greifvögel

Greifvögel fliegen bzw. schweben ganz hoch oben und entdecken ihre Beute dank ihres ausgezeichneten Sehvermögens. Die Eule jagt nur nachts und sieht hundert Mal besser als der Mensch! Die Greifvögel packen und töten ihre Beute mit ihren langen Krallen, den Fängen.

Vögel bauen ihre Nester an Stellen, wo sie vor ihren Feinden sicher sind. Der Storch bevorzugt Schornsteine.

Pinguine

Pinguine können nicht fliegen, nicht gut laufen, aber sie sind dank ihrer Flügel hervorragende Schwimmer. Ihre kurzen, wasserundurchlässigen Federn verbessern noch ihre Leistungen: Sie jagen die Fische mit Geschwindigkeiten von 14 km/h.

Jedem seinen Schnabel

Der Schnabel der Vögel besteht ebenso wie ihre Federn aus Keratin (Horn). Dieses Material ist sehr flexibel. Jede Schnabelform ist an die Ernährungsweise seines Trägers angepasst:

groß, um als Fischnetz eingesetzt zu werden

gebogen zum Filtern von Wasser

hakenförmig zum Zerreißen von Fleisch

Reiherschnabel zum Aufspießen von Fischen

kurz zum Aufpicken von Körnern

spachtelförmig zum Schnappen von Fischen

spitz zum Bearbeiten von Holz

lang, um bis in die tiefsten Blüten zu gelangen

SÄUGETIERE

Sie sind die letzten in der Reihe der Evolution der Tiere: Die aus den Reptilien hervorgegangenen Säugetiere haben vom Aussterben der Dinosaurier profitiert und den ganzen Planeten erobert. Diese Wirbeltiere hatten einige Vorteile: Unter der mit Haaren bedeckten Haut blieb die Temperatur ihres Körpers konstant und hing nicht mehr von äußeren Bedingungen ab. Sie passten ihre Fortbewegungsart ihren Lebensräumen an.

Kennzeichen der Säugetiere ist, dass die Weibchen ihre Jungen säugen. Sie besitzen Brustdrüsen, die eine proteinhaltige und fettreiche Milch produzieren. Diese Milch enthält alles, was das Junge zum Wachstum braucht! Das Junge braucht bei der Nahrungssuche kein Risiko einzugehen. Darüber hinaus schützt die Milch es auch vor Krankheiten!

Die Fledermaus ist das einzige Säugetier, das fliegen kann. Ihre Arme sind durch die Haut, die zwischen ihren Körperseiten und den fünf Fingern ihrer Hand gespannt ist, zu Flügeln geworden.

Gämse und Murmeltier sind ausgezeichnete Kletterer und an das Leben im Hochgebirge angepasst. Beide sind Pflanzenfresser. Das Murmeltier ist ein Nager, die Gämse ein Wiederkäuer.

Die Kuh und das Schaf grasen nicht nur auf den saftigen Wiesen in Europa, sondern auch in trockeneren Gegenden, wo die Böden sehr viel magerer sind.

Das große Dromedar und der kleine Wüstenfuchs leben in den Trockenwüsten. Das Dromedar ist ein Pflanzenfresser und haushaltet mit allem. Der Wüstenfuchs ist ein Allesfresser: Er verschmäht weder Körner noch Echsen.

Die kleinsten Säugetiere sind Insektenfresser wie z.B. der Maulwurf. Er lebt und findet seine Nahrung – Larven und Würmer – unter der Erde.

Seehunde und Ohrenrobben leben in Kolonien und sind bis in die Polarmeere vorgedrungen. Die hervorragenden Schwimmer bewegen sich an Land auf ihren Vorderflossen fort.

Andere Meeressäuger leben ständig im Meer wie z.B. der Blauwal, das größte aller Säugetiere.

Auch der Mensch ist ein Säugetier

Die Fortpflanzung

Bei allen Säugetieren paart sich das Männchen mit dem Weibchen. Dabei verzichten die meisten von ihnen auf die riskante Eiablage: Sicher vor den Feinden entwickelt sich das befruchtete Ei im Mutterleib. Der heranwachsende Fötus wird über das Blut der Mutter mit Nahrung und Sauerstoff versorgt.

Eine Katze kann 4 bis 6 Junge werfen.

Das Giraffenjunge fällt bei der Geburt aus 2 m Höhe herab.

Die Jungen, deren Zahl sehr unterschiedlich ist, werden fertig entwickelt geboren. Das erklärt auch die lange Tragezeit: 10 bis 20 Tage bei den kleinsten Säugetieren und 22 Monate beim Elefanten. Die Neugeborenen saugen direkt nach der Geburt Milch von ihrer Mutter. Einige, wie das Giraffenjunge, können sich recht schnell auf die Beine stellen.

Lehrstunden

Die jungen Säugetiere sind länger von ihrer Mutter abhängig als andere Tiere. Sie haben Zeit, die Regeln des Überlebens und des Lebens in der Gruppe zu erlernen. Sie lernen viel im Spiel und durch Nachahmung der erwachsenen Tiere.

Der Instinkt reicht nicht aus. Um etwas fressen zu können, müssen die jungen Raubkatzen das Jagen lernen.

Ausnahmen von der Regel

Beuteltiere bringen ihre Jungen völlig unentwickelt zur Welt. Nach einer kurzen Tragezeit gebärt das Känguruweibchen einen blinden und nackten Embryo. Dieser findet alleine in den Beutel, indem er dem Geruch des Speichels folgt, den seine Mutter auf ihr Fell geleckt hat. Im Beutel saugt er sich an einer Zitze fest und wächst heran. Der Australische Ameisenigel und das Schnabeltier befinden sich in einem noch früheren Entwicklungsstadium: Sie legen in einem Bau Eier ab. Sind die Jungen geschlüpft, werden sie von der Mutter gesäugt.

Winterschlaf

Im Winter verbraucht der Körper mehr Energie, um der Kälte zu trotzen, dabei gibt es aber weniger Nahrung! Deshalb halten viele Säugetiere einen Winterschlaf. Gut geschützt fallen sie in einen tiefen Schlaf. Ihre Temperatur sinkt ab und ihre Körperfunktionen verlangsamen sich.

EINZIGARTIGE TIERE

Einige Tiere finden sich überall auf unserem Planeten. Andere dagegen bevölkern nur ganz bestimmte Gebiete. Diese Verteilung hängt von der Lebensweise der Tiere ab, insbesondere von deren Fressgewohnheiten. Aber sie erklärt sich auch aus der Erdgeschichte: Die Verteilung der Tiere erfolgte je nach Auseinandertriften der Kontinente und den Klimaveränderungen. Einige Tiere wurden vor langer Zeit auf einem Kontinent oder einer Insel plötzlich isoliert: Sie sind hervorragende Zeugen für die Evolution der Arten.

In Südamerika

Mehr als 62 Millionen Jahre lang war Südamerika vom Rest der Welt völlig isoliert. Die hier lebenden Affen unterscheiden sich stark von denen in Afrika und Asien, mit denen sie jedoch gemeinsame Vorfahren haben. Fachleute erkennen sie an ihrer Nase, ihren Zähnen und ihrem langen Greifschwanz. Die Affen benutzen ihn wie ein fünftes Glied, um sich von Baum zu Baum zu schwingen.

In China

Der Große Panda ist das seltenste Mitglied der Bärenfamilie. Er lebt nur in den Bambuswäldern Zentralchinas, denn er ernährt sich fast ausschließlich von Bambus. Im Frühjahr labt er sich an den jungen Trieben, im Sommer frisst er die Blätter und im Winter ernährt er sich von den Stängeln. Diese Ernährungsweise hat sogar seinen Körperbau verändert: Der Panda hat einen „sechsten“ Finger, der eigentlich ein verlängerter Knochen des Handgelenks ist, mit dem er die Bambusstängel leichter greifen kann. Durch seine Einzigartigkeit hat der

Riesenschildkröte von den Galapagosinseln

Auf den Galapagosinseln

Isoliert im Pazifik, 1000 km von den Küsten Südamerikas entfernt, erscheinen die Galapagosinseln wie ein prähistorisches Museum mit lebenden Tieren. Die Landschildkröten (ca. ein Dutzend Unterarten) haben gigantische Ausmaße erreicht. Sie werden bis zu 1,20 m groß und 250 kg schwer. Sie können so von ihren Reserven leben, wenn die magere Vegetation sie nicht mehr ausreichend ernährt. Aber sie können sogar Kakteen fressen! Der Galapagoskormoran hat keinerlei Nahrungsprobleme: Es gibt Fische im Überfluss! Bis zur Ankunft des Menschen im 16. Jahrhundert hatte er keinerlei Feinde, daher hat er auch völlig das Fliegen verlernt. Seine Flügel haben sich zurückgebildet.

Meerechse

Von den 3500 Echsenarten ist nur die Galapagos-Meerechse ein Meerestier. Sie ernährt sich von Algen. Ihre Farbe – grau oder rot – und ihr Gewicht – zwischen 1 und 10 kg – hängen von der Insel ab, auf der sie lebt.

Kormoran

Tiere als Zeugen der Evolution

Panda keinerlei Konkurrenz. Heute allerdings ist er bedroht, weil der Mensch seine Wälder und somit auch seine Nahrungsgrundlage zerstört. Außerdem sterben einige Bambusarten von selbst ab, nachdem sie geblüht haben.

Auf Madagaskar

Die große Insel Madagaskar trennte sich von Afrika ab, noch bevor die Affen in Erscheinung traten. Die Lemuren, eine ältere Form der Primaten, konnten sich daher im Schutz vor diesen Konkurrenten in verschiedenen Unterarten entwickeln.

hüpfender Lemur

Auf Komodo

Der Komodowaran machte die kleine gleichnamige indonesische Sundainsel bekannt. Mit einer Länge von 2 bis 3 m und einem Gewicht von bis zu 130 kg ist er die größte aller an Land lebenden Echsen. Wehe den männlichen Konkurrenten, die einen Schlag mit dem Schwanz abbekommen! Er greift seine Beute mit ausgestellten Krallen an, schlägt seine spitzen Zähne in ihr Fleisch und tötet sie mit einem giftigen Schleim. Er kann selbst einen Wasserbüffel niederstrecken. Kein Wunder, dass es ihm so gut geht! Selbst der Mensch, sein einziger Feind, hat beschlossen, ihn zu schützen.

Koala

In Australien

Als sich Australien, Neuguinea und Tasmanien von den anderen Kontinenten ablösten, lebten auf ihnen noch primitive Säugetiere. Zu dieser Zeit begann der Siegeszug der höher entwickelten Säugetiere mit einer Plazenta, die ihre Jungen bis zur vollen Lebensfähigkeit in ihrem Bauch tragen. Auf diesen Inseln

leben heute die ältesten Säugetiere, Nachkommen der Reptilien, die immer noch Eier legen: das Schnabeltier mit den Schwimmfüßen, einem Entenschnabel und einem Biberschwanz und der Australische Ameisenigel, der einen stacheligen Panzer trägt. Dort leben auch säugende Beuteltiere wie die Kängurus, die springen und grasen, und die Koalas, die praktisch nie trinken und in den Eukalyptusbäumen schlafen, deren Blätter sie fressen.

Schnabeltier

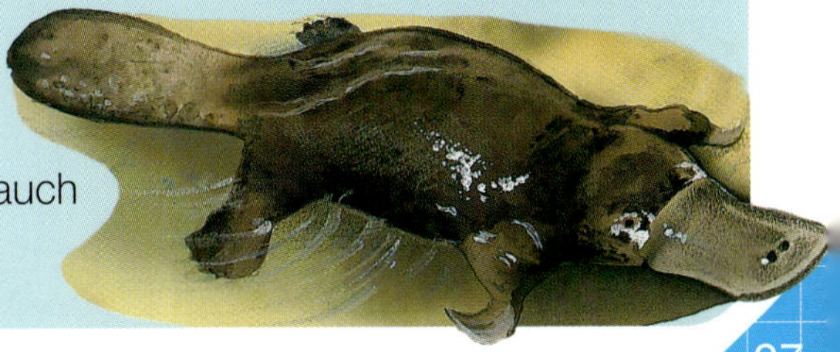

DIE TIERE
GAR NICHT SO DUMM!

Lange Zeit glaubten die Menschen, die Tiere seien nichts als lebende Maschinen. Man ging davon aus, sie könnten weder denken noch leiden noch anders handeln außer nach ihrem Instinkt. Nach Studien in Labors und in der freien Natur haben die Wissenschaftler bei vielen Tieren Verhaltensweisen entdeckt, die keinesfalls »dumm« sind und die die Jungtiere von den Erwachsenen erlernen. Manchmal werden sie von Generation zu Generation weitergegeben.

Der Mensch besitzt nicht allein die Fähigkeit, Werkzeuge herzustellen. Schimpansen z.B. fischen die Termiten mithilfe eines Stocks, von dem sie die Blätter abgerissen haben, aus ihren Nestern. Sie sind also fähig vorauszusehen, dass man mit einem blattlosen Zweig wie mit einer Angel hervorragend Insekten fangen kann.

Verschiedene Tiere benutzen zufällige Fundstücke aus ihrer Umgebung, selbst wenn sie diese nicht bearbeitet haben. So gebraucht der Schmutzgeier (oben) einen Stein, um ein Straußenei aufzuschlagen.

Der Meerotter hat sehr starke Zähne, aber die Schalen der Muscheln sind äußerst hart. Also nimmt er vom Meeresgrund einen Stein, dreht sich auf den Rücken und schlägt die Muschel gegen den Stein, den er auf seinen Bauch gelegt hat.

Fische benutzen keine Werkzeuge, aber einige wenden eine List an, um ihre Beute zu fangen. Der Schützenfisch spritzt ein Insekt mit Wasser an, das daraufhin ins Wasser fällt.

Die Sprache

Der Mensch ist das einzige Lebewesen, das sprechen kann. Die anderen Primaten benutzen für ihre Kommunikation eine Laut- bzw. Körpersprache aus Gestik und Mimik. Schimpansen können mithilfe von Wissenschaftlern die Zeichensprache erlernen oder in einem Buch bzw. auf dem Computerbildschirm Objekte und Handlungen Bildern zuordnen. Sie können auf diese Weise ausdrücken „Ich will eine Banane", aber sie bleiben unfähig, eine Geschichte zu erzählen!

Die Echoortung

Die Laute der Meeressäuger dienen ihnen auch zur Orientierung. Die hohen Klicklaute des Delfins sind Signale, mit denen das Tier ein Hindernis oder eine Beute ausmacht. Wenn sie auf etwas treffen, werden

Tiere haben ihre eigene Sprache

Für die Bewohner einer Kolonie ist es unbedingt notwendig, sich zu verständigen.

Ameisen z.B. übermitteln sich chemische Botschaften, indem sie sich mit den Antennen berühren.

Wale senden Laute aus, die weithin durch den Ozean zu hören sind. Die Laute des Buckelwals sind sehr hoch entwickelt und werden bei der Jagd nach Fischen eingesetzt. Im Winter „singt" das Männchen, um die Weibchen anzulocken.

sie verstärkt zum Tier zurückgeworfen. Der Delfin kann auf diese Weise die Entfernung sehr genau einschätzen und den Gegenstand ganz präzise lokalisieren. Die gleiche Technik der Echoortung benutzt auch die Fledermaus bei ihrer nächtlichen Jagd nach Insekten.

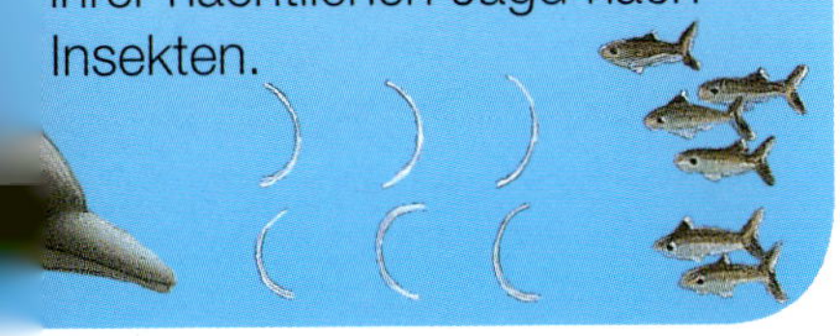

Erstaunliche Wanderungen

Zahlreiche Tiere unternehmen lange Wanderungen und nutzen dabei Orientierungsmechanismen, über die bis heute nicht viel bekannt ist. Um von den längeren Tagen zu profitieren, fliegt die Küstenseeschwalbe zweimal pro Jahr von einem Pol zum anderen, das sind hin und zurück 32 000 km!

Wenn die Lachse das Meer verlassen, setzen sie ihr Erinnerungsvermögen ein, um den Fluss wiederzufinden, in dem sie selbst geboren wurden und sich fortpflanzen werden.

Aale schwimmen aus dem Fluss, in dem sie leben, bis in die Sargassosee. Dort pflanzen sie sich fort und sterben völlig entkräftet. Ihre Jungen wandern den gleichen Weg wieder zurück.

In Ostafrika sammeln sich Abertausende von Gnus am Ende der Regenzeit, um in die Hochebenen zu wandern, wo die Trockenzeit erträglicher ist.

Das Erinnerungsvermögen

Das Gedächtnis spielt zweifelsfrei eine große Rolle bei den Wanderungen, insbesondere bei den saisonalen. Aber die Tiere benutzen es auch in vielen anderen Situationen: z.B. um den Weg zu einem Nahrungsvorrat oder einem Wasserloch wiederzufinden. Das Erinnerungsvermögen ist oft eine Frage des Überlebens.

Die Tiere stehen uns im Erinnerungsvermögen in nichts nach. So ist das doch kleine Gehirn des Pinguins in der Lage, die Laute aller Mitglieder seiner Familie im Gedächtnis zu behalten. Das ist ganz hilfreich beim Wiederfinden der Jungen unter so vielen anderen!

Der Elefant hat wirklich ein Elefantengedächtnis. Die zusammen mit ihren Jungen in Gruppen umherziehenden Weibchen können feindliche Elefanten an ihrem Trompeten erkennen, weil sie es in Erinnerung behalten.

MEISTER DER TARNUNG

Wie kann man seinen Feinden außer durch schnelle Flucht noch entkommen? Für viele Tiere gibt es nur eine Antwort – Tarnung! Die Natur hat sie dazu mit herrlichen Möglichkeiten ausgestattet: Sie werden eins mit der Umgebung oder werden für andere außer ihren Artgenossen unsichtbar. Diese Kunst des Tarnens und der Mimikry ist unter allen Tierarten verbreitet. Andere Arten mit leuchtenden Farben haben eine gegenteilige Strategie gewählt: Sie warnen vor der Gefahr!

Unauffällige Tarnung

Es ist ganz schön schwierig, mitten im Meer ein Versteck zu finden! Die Fische im offenen Meer haben deshalb ein Tarnkleid, das sehr viel unspektakulärer ist als das anderer Tiere: Der Bauch ist hell, der Rücken dunkler. Von unten gesehen kann der Fisch leicht mit dem hellen Himmel verwechselt werden. Von oben gesehen verschwindet er in der Dunkelheit der Tiefe.

Sich unsichtbar machen

Die Insekten tarnen sich gerne. Sie sitzen unbeweglich da und unterscheiden sich nicht mehr von ihrer Umgebung. Der Körper der Nymphe der Gottesanbeterin sieht aus wie der Stechginster, in dem sie sich versteckt. Andere Tiere können sogar die Rippen der Blätter nachahmen, auf denen sie sitzen.

Die Spitzenreiter der Tarnung kommen sehr häufig unter den Fröschen und Kröten vor. Der Hornfrosch kann sich leicht auf dem Boden der tropischen Wälder verstecken, denn seine braune Haut und die beiden „Hörner“, durch die sein Kopf nur noch schwer auszumachen ist, tarnen ihn hervorragend.

Der Fetzenfisch ist ein Verwandter des Seepferdchens und lebt in den Korallenriffen. Er tarnt sich durch Körperanhänge in Form von Blättern. Das ist sehr praktisch, denn so fällt er nicht zwischen den Algen und Wasserpflanzen auf.

In der Tundra im hohen Norden ebenso wie in der alpinen Graslandschaft bietet die kurze Vegetation kaum Schutzmöglichkeiten. Das Schneehuhn verschwindet in der Landschaft dank seines Farben wechselnden Federkleides: Im Sommer noch rötlich braun, wird es mit nahendem Winter schneeweiß.

Tarnung als eine Frage des Überlebens

Den Feind täuschen

Eine andere Art der Täuschung ist es, ein gefährliches Tier nachzuahmen. Diese tropische Schmetterlingsraupe sieht aus wie die Furcht erregende Vogelspinne! Wird sie angegriffen, überlässt sie dem Feind gerne ihre falschen samtigen Beine. Sie wachsen bei der nächsten Häutung wieder nach!

Der Augenfleck-Mirakelbarsch benutzt die gleiche List wie viele Schmetterlinge. Dieser Fisch versteckt seine Augen zwischen den Motiven auf seinem Körper, aber auf seiner Schwanzflosse stellt er große Augen zur Schau, die gar keine sind. Damit kann er seine Feinde verwirren, die bevorzugt den Kopf angreifen.

Die in Europa vorkommende Ringelnatter zieht es vor, sich tot zu stellen, was sie für ihre Jäger widerlich macht. Sie liegt eingerollt auf dem Rücken mit geöffnetem Maul und heraushängender Zunge. Stößt man sie an und sie verrät sich, dann nimmt sie seelenruhig wieder ihre unbewegliche Position ein.

Wespe

Schwebfliege

Die Schwebfliege ist eine schlanke Fliege. Aber mit ihren gelben und schwarzen Streifen ahmt sie eine Wespe nach. Sie geht in ihrer Mimikry sogar so weit, dass sie die gleichen Blüten besucht wie die Wespe. Die Schwebfliege hat jedoch keinen Giftstachel. Aber ihre Angreifer wissen das natürlich nicht.

Achtung, Gefahr!

Der Marienkäfer braucht sich vor den Vögel nicht zu verstecken: Schon seine leuchtende Farbe signalisiert, dass er nicht gut schmeckt! Auch die schönen Farben der Salamander zeigen, dass sie giftig sind. Aber das ist manchmal auch ein Trick, denn sie sind nicht alle giftig.

Die schönen Farben schützen auch diese bunte Meeresnacktschnecke.

Dieser kleine Erdbeerfrosch aus Amazonien produziert ein gefährliches Gift. Seine Farbe warnt seine Feinde.

HAUSTIERE

Vor etwa 12 000 Jahren zähmten die Jäger im hohen Norden die Wölfe. Sie sammelten die Jungen der Tiere ein, die sie wegen ihres Felles getötet hatten, gaben ihnen zu fressen und machten sie zu Jagdgefährten. Für die Fortpflanzung wählten sie nur die folgsamsten Tiere aus, die gleichzeitig hervorragende Jäger waren: Der Wolf wurde zum Hund, einem Haustier, das unter der Kontrolle des Menschen lebt und sich fortpflanzt. Die natürliche Evolution wurde hier durch eine künstliche, vom Menschen geschaffene, ersetzt. Zahlreiche Tierarten erlebten das gleiche Schicksal.

Vorfahre des Hausrinds war der Auerochse, der in Europa, Westasien und Nordafrika zu Hause war. Der Auerochse wurde vor etwa 9000 Jahren gezähmt. Der letzte wild lebende Auerochse starb 1617 in Polen.

Die Domestizierung

Die meisten Tiere wurden domestiziert, nachdem der Mensch damit begonnen hatte, Felder zu bestellen. Viele Tiere wurden eingefangen, weil sie zu oft die Ernte auffraßen. Waren sie erst einmal gezähmt, wurden viele Tiere zu Nutztieren: In ihrer Wildform haben die Mufflons, die Vorfahren der Schafe, keine Wolle und kein Vogel legt so viele Eier wie ein Legehuhn!

Kampfpferde

Das Pferd, das bevorzugte Wild des prähistorischen Menschen, wurde zuerst vor 5500 Jahren in der Ukraine domestiziert – wegen seines Fleisches. Etwa 2000 v. Chr. wurde es dann vor einen Wagen gespannt. Als Zugtier für Kampfwagen war das gezähmte Pferd in der ganzen Welt verbreitet.

Yak

Angepasste Tiere

Das Pferd wurde zum Reittier der Nomaden in den asiatischen Steppen und den amerikanischen Prärien. Das Dromedar, das mehrere Tage ohne Wasser auskommt, trägt die Lasten der Nomaden in Afrika und Arabien. In Tibet wird das an Kälte gewöhnte Yak als Lasttier eingesetzt.

Dromedare

Eine Evolution von Menschenhand

Heilige Tiere

Einige Völker sehen im Tier nur den Nutzeffekt, bei anderen werden sie als Gott verehrt. Die ersten Bauernvölker verehrten die Stiere. Die Ägypter hatten eine besonders innige Beziehung zu den Katzen und verehrten Bastet, die Göttin mit dem Katzenkopf.

Noch heute verbietet die hinduistische Religion in Indien, Rindfleisch zu essen und eine weiße Kuh zu berühren, selbst wenn sie den Verkehr blockiert! Der Status der Elefanten ist dagegen sehr unterschiedlich: Die Hindus beten Ganesha an, den Gott-Elefanten, aber in den Wäldern treiben die Elefantenführer die gezähmten Tiere zu harter Arbeit an.

Haustiere

Die Domestizierung hat die Zuchttiere verändert: Das Schwein war zunächst schwarz und behaart, wie sein Vorfahre, das Wildschwein. Jetzt ist es rosa und fast nackt. Bei den Haustieren sind die Unterschiede noch auffälliger. Durch Kreuzungen wurden 400 Hunderassen gezüchtet, vom großen Schäferhund bis zum kleinen Chihuahua. Diese Tendenz ist weit verbreitet. Die Tiere werden kleiner und beim Menschen wird das Verlangen geweckt, sie zu streicheln. Selbst beim Pferd ist dies der Fall.

Nachdem das Pferd im 20. Jahrhundert zu einem Wettkampftier geworden ist, wurde mit dem nur 50 cm großen Falabela-Pony eine Miniaturausgabe gezüchtet. In den Städten bringen uns die Haustiere der Natur ein Stück näher, aber wir vergessen manchmal ganz einfach, dass es Tiere sind!

Tiere in „Batterien“

In Europa werden neun von zehn Tieren in so genannten Batterien in großen Gebäuden gehalten. Jedes Tier lebt auf kleinstem Raum, die Nahrung wird durch Maschinen verteilt. Die industrielle Aufzucht ermöglicht es, den Bedürfnissen einer Bevölkerung gerecht zu werden, in der es nur noch wenige Bauern gibt.

In Hühnerfarmen kümmert sich eine einzige Person um 20 000 Hühner.

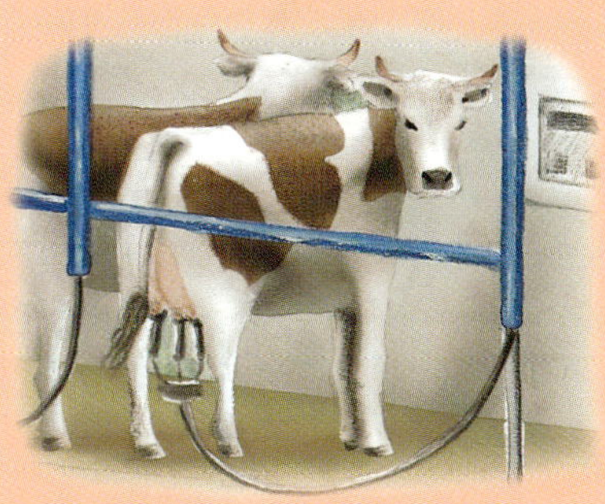

In nur einer Stunde melken die elektrischen Melkmaschinen mehr als 80 Kühe. Aber es wird keine Rücksicht mehr auf den Biorhythmus der Tiere genommen. Sie leiden an Stress, genauso wie ihre Züchter, die keinen Kontakt mehr zu ihnen haben.

DIE LEBENSRÄUME IN DEN OZEANEN

Das Meer ist eine Welt für sich. Mit der Küstenregion sehen wir davon nur den kleinsten Teil. Von den Seevögeln bis hin zu den Wanderschildkröten, von den Kleinstlebewesen im tierischen Plankton bis zu den größten Jägern des Tierreichs – das Meer ist voller Leben. Einige Bereiche zählen sogar zu den am dichtesten bevölkerten unseres Planeten! Unter der Wasseroberfläche sind die Weltmeere bis in die größten Tiefen voller Leben.

Das Leben ist vor etwa 3,5 Milliarden Jahren in Form mikroskopisch kleiner Algen im Meer entstanden. Und auch der größte Teil der Evolution hat sich im Wasser abgespielt: Ichthyostega, das erste Wirbeltier, das an Land kam, ist gerade mal 350 Millionen Jahre alt.

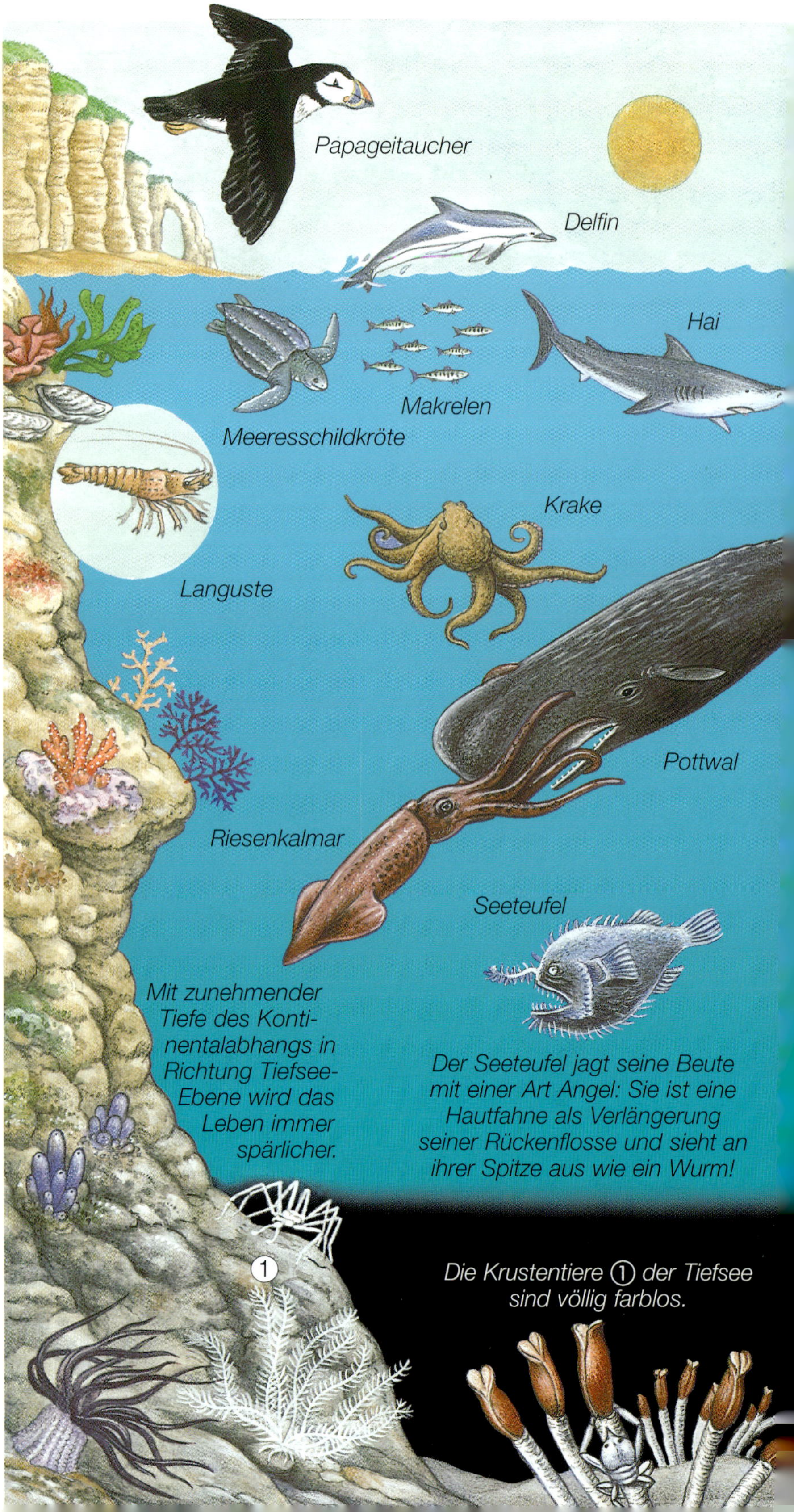

Leben in allen Schichten

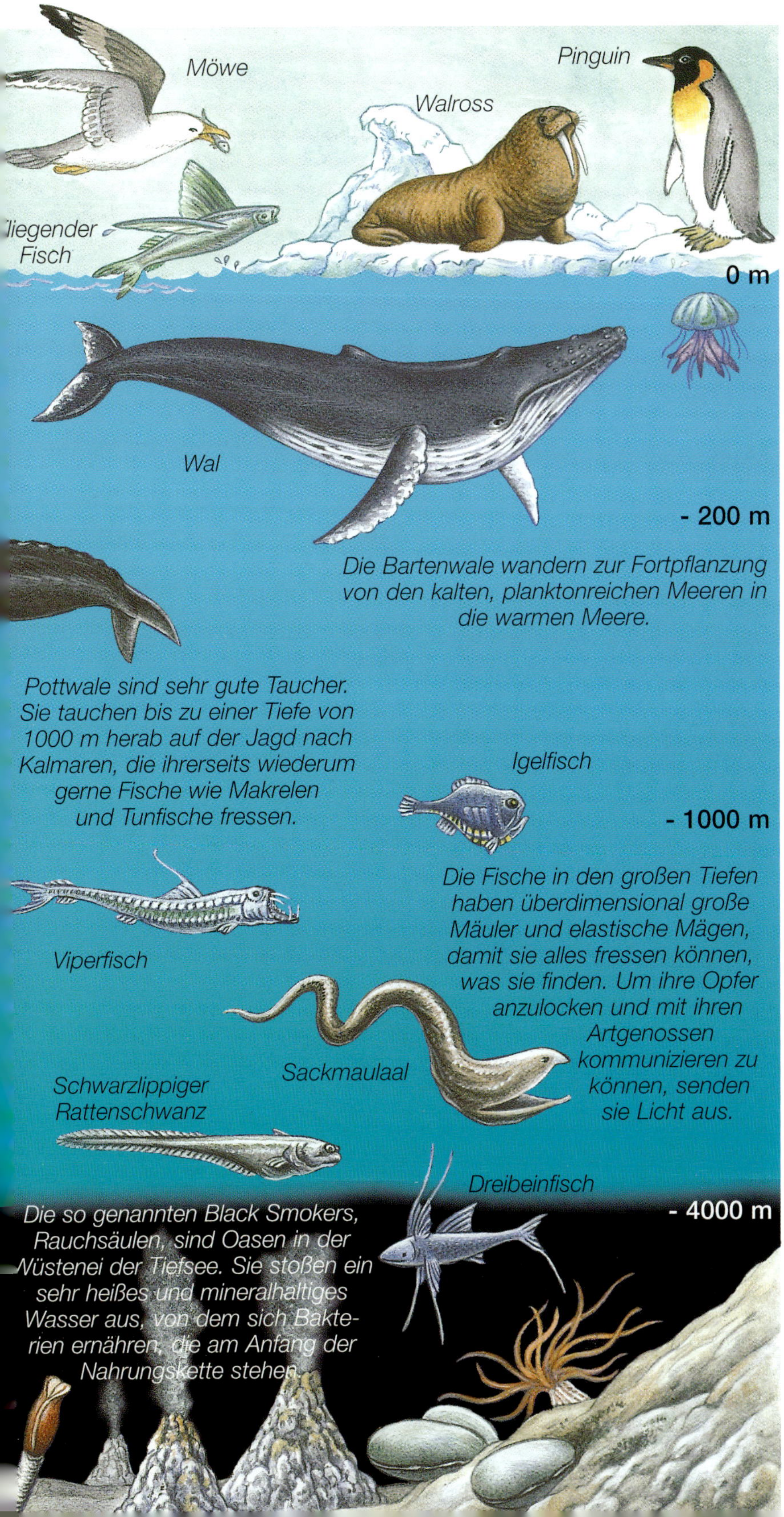

- In der Wasserschicht zwischen der Oberfläche und 200 m Tiefe leben die unterschiedlichsten Arten. Am Grund des Kontinentschelfs wimmelt es nur so von Würmern, Krustentieren und Fischen, die es sich zwischen den Algen, Schwämmen und Korallen gut gehen lassen. Einige Arten pflanzen sich hier fort und die neue Generation wächst heran, bevor sie sich ins offene Meer hinauswagt. Sie finden im Oberflächenwasser riesige Mengen an Nahrung. Die Fressfeinde können hier ganze Schwärme von Sardinen und Tunfischen angreifen.
- Die Bartenwale finden genügend Plankton. Die winzigen Tiere im Plankton, die manchmal in Schwärmen von bis zu 100 km Länge auftreten, steigen nachts an die Wasseroberfläche auf und tauchen tagsüber wieder bis zu 1000 m tief herab.
- Unterhalb von 500 m wird das Sonnenlicht immer spärlicher. Hier gibt es keine Vegetation mehr. Mit zunehmender Tiefe nimmt der Druck zu und die Temperatur sinkt ab: Bei 5000 m unter dem Meeresspiegel liegt sie nur noch bei 0,5 bis 1,5 °C. In dieser Tiefe besteht die Nahrung hauptsächlich aus toten Tieren. Es sind 300 Arten bekannt, die zwischen 1000 m und 10 900 m Tiefe leben, darunter auch Fische.

AN DEN MEERESKÜSTEN

An den Küsten treffen die Tiere des Landes, des Meeres und der Luft aufeinander. Es gibt Tiere, die niemals festen Boden verlassen, andere, die nur im Wasser überleben können und wiederum andere, die in allen drei Elementen zu Hause sind. So können die Seevögel lange in der Luft bleiben, sich Nahrung aus dem Meer fischen und an Land ihre Nester bauen. Alle Lebewesen an den Küsten leben im Rhythmus der Gezeiten, die zweimal pro Tag den Meeresboden überschwemmen und wieder freigeben.

Sind die Meeresböden wirklich unbewohnt?

Nein, denn im feuchten Sand verstecken sich Würmer und Weichtiere. Kleine Stelzvögel wie der Austernfischer, der an den Küsten Europas lebt, ziehen sie während der Ebbe heraus.

Nestbau in den Felswänden

Die über die Küsten hinausragenden Felswände bieten einen sicheren Schutz vor Landfeinden und werden deshalb von den Seevögeln als Schutzraum gerne angenommen. Selbst jene, die weit draußen auf dem Meer leben, wie der Eissturmvogel ① und der Albatros ②, kehren zur Fortpflanzung an die Küsten zurück. Wenn mehrere Arten an der gleichen Stelle nisten teilen sie sich die Plätze in der Felswand. Möwen ③ und Kormorane ④ nisten in den unteren Etagen. Die Papageitaucher ⑤ höhlen sich tiefe Nester aus, die sie mit Federn und Gräsern auslegen während die Trottellummen ⑥ ihre Eier auf den nackten Felsen legen.

Jedem seine Art zu fischen

Papageitaucher und Trottellummen fischen auf dem offenen Meer Dabei stürzen sie sich in Gruppen in die Fischschwärme. Obwohl auch sie gute Taucher sind, ziehen es die Kormorane vor, näher an der Küste zu fischen. Der Speiseplan der Möwen ist abwechslungsreich: Fische, Eier, kleine Säugetiere. Oder sie begnügen sich einfach mit dem, was das Meer bei Ebbe zurücklässt.

Ebbe

Die Ebbe ist für die Wirbellosen, die sowohl unter Wasser als auch an der Luft leben können, ein gefährlicher Moment. Sie müssen den Vögel entkommen und sich vor Austrocknung schützen. Die an einen Stein festgeklammerten Seeanemonen (7) ziehen ihre Tentakel ein. Die Seeigel (8) und die Napfschnecken (9) weiden bei Ebbe nicht mehr die kleinen Algen von den Felsen ab, sondern suchen den Schatten auf.

Flut

Sobald die Flut wieder einsetzt, kommen die Krabben (10) aus ihren Sandlöchern hervor und jagen die kleinen Wirbellosen. Der Seestern (11) geht auf die Jagd nach Miesmuscheln, die sich am Untergrund festsaugen, um nicht von der Strömung mitgerissen zu werden. Er ist sehr wendig und hat kräftige Saugnäpfe, mit denen er die Miesmuscheln (12) öffnet. Der Einsiedlerkrebs (13) sucht Schutz in einem verlassenen Schneckenhaus.

Die Dünen

Die Sanddünen sind durch Erosion entstanden. Sie bilden eine Barriere, die das Landesinnere vor dem tosenden Meer schützt. Ständig sind sie dem Wind ausgesetzt, der vom Meer her weht. Sie haben aber einen natürlichen Verbündeten, den Strandhafer. Das ist ein Gras, dessen Wurzeln tief in den Sand hineinwachsen und so die Dünen zusammenhalten. In einigen Regionen wird er angepflanzt, um das Dünenband besser zu schützen, das durch die vielen darin herumlaufenden Touristen gefährdet ist.

DIE TROPISCHEN KÜSTEN

Die Küsten im Tropengürtel sind umspült von warmen, oft glasklaren Meeren. Egal ob an Land oder im Wasser: Das Leben ist reichhaltig und vielfältig. Das fällt vor allem dem Taucher auf, der in den Korallenriffen richtige Unterwasseroasen entdecken kann. Aber auch die weniger bekannten Mangrovenwälder spielen eine wichtige Rolle. Diese Küstenwälder wachsen im sumpfigen Bereich von Ebbe und Flut.

Unter Kokospalmen

Der feine weiße Sand an den schönen Stränden der Tropen entsteht durch die Erosion der Korallenriffe. Von Australien bis nach Venezuela über die Inseln des Indischen Ozeans schützen die Riffe die Küsten vor den tosenden Wellen. Oft stehen an diesen Stränden Kokospalmen, deren Wedel weit oben in 30 m Höhe wachsen. Wenn ihre Nüsse ① nicht geerntet werden, treiben schnell neue Schösslinge aus. Einige werden ins Meer gespült,

Mangrovenlandschaft

In den Mangrovenwäldern

Die Mangrovenwälder halten den sumpfigen und instabilen Küstenboden fest, der zweimal am Tag von der Flut überschwemmt wird. Die Mangroven ① atmen durch ihre Stelzwurzeln, auf denen Atemwurzeln, so genannte Pneumatophoren, sitzen, eine Art „Sauerstoffflasche“, die bei Ebbe Sauerstoff aufnimmt. Unter ihren Wurzeln liegen versteckt die Höhlen der Winkerkrabben ②, die den Schlamm nach Nahrhaftem durchsuchen, sowie der Schlammspringer ③. Diese zu den Grundeln gehörenden Fische mit den Glotzaugen nehmen bei Flut als Vorrat eine große Portion Wasser in ihren Kiemenhöhlen auf. So können sie eine Zeit lang an Land überleben, wobei sie über die Schleimhaut der Mundhöhle und die Haut atmen. Im Schutz der Kronen der Mangroven nisten der Ibis ④, der Reiher ⑥ und der Silberreiher ⑤.

Zwischen Mangroven und Korallen

aber nicht alle. So ist z.B. die Doppelnuss der Coco-de-Mer-Palme von den Seychellen mit ihren 20 kg viel zu schwer, um von den Wellen fortgespült zu werden.

Die Korallenriffe

Zwischen dem Ufer und dem offenen Meer begrenzen die Korallenriffe einen Bereich mit ruhigem Wassergang, die Lagune. Sie werden von winzig kleinen Tieren, den Polypen, gebaut, die Verwandte der Seeanemone sind. Wenn sie sterben, bleiben von den Polypen ihre Kalkhüllen zurück. Aus der Ansammlung dieser Hüllen entsteht dann allmählich das Riff, das zum Schluss über die Wasseroberfläche hinausragt. Diese Polypen leben in großen Kolonien. Sie vertragen nur klares, unverschmutztes Wasser, denn im Inneren ihres Körpers beherbergen sie Algen, die, wie alle Pflanzen, Sonnenlicht für die Fotosynthese brauchen. Diese Algen ernähren ihrerseits die Polypen. Das größte bekannte Korallenriff ist das Große Barriereriff vor der Nordostküste Australiens, das sich auf einer Länge von mehr als 2000 km erstreckt.

Die schönsten Fische

Vor den ohnehin farbenfreudigen Korallen und Schwämmen versuchen Zackenbarsche ①, Falterfische ②, Papageienfische ③ und Doktorfische ④ sich zur Tarnung gegenseitig in ihrer Farbenpracht zu überbieten. Nicht alle entkommen dem Hai ⑤, aber einige haben spezielle Verteidigungsmittel für den Gefahrenfall entwickelt. So bläst sich der Igelfisch ⑥ zu einer stachelbesetzten Wasserkugel auf, während der Anemonenfisch ⑦ sich in die nesselnden Tentakel der Seeanemone flüchtet: Im Gegenzug für ihren Schutz putzt er sie.

DIE POLARREGIONEN

Nur wenige Lebewesen sind in der Lage, in den Eisregionen rund um die Pole zu überleben. An Land fällt das Thermometer die meiste Zeit unter 0 °C und die Meere sind einen großen Teil des Jahres zugefroren. Schneestürme und Blizzards, sehr starke und extrem kalte Winde, machen das Leben noch schwerer. Selbst die Lebensrhythmen sind extrem: Im Winter wird es an den Polen sechs Monate lang nicht hell.

Die Arktis

Am Nordpol ist das Nordpolarmeer einen großen Teil des Jahres zugefroren. Die Polarfüchse und die Eisbären sind die einzigen Landsäugetiere, die sich auf das Packeis wagen. Das dichte Fell des Eisbären reicht bis zu den Fußsohlen. Eisbären sind Furcht erregende Fleischfresser und jagen vor allem Seehunde – entweder unter Wasser oder sie warten auf dem Packeis auf sie, wenn sie zum Atmen nach oben kommen. Der Polarfuchs frisst die Reste dieses Fest-

Weiß wie der Schnee

Sobald die Tage kürzer werden, wechselt das Fell des Hasen und das des Polarfuchses die Farbe: Es wird weiß und dicker. Ihr Winterkleid hält sie gut warm und tarnt sie gleichzeitig im Schnee.

Die Antarktis

Rund um den Südpol erstreckt sich ein Eiskontinent, der seine Größe im Winter nochmals verdoppelt, wenn das Meer zufriert. Das Leben beschränkt sich auf die Küsten. Abgesehen von den Würmern und winzig kleinen Milben leben in diesem unwirtlichen Gebiet nur Pinguine. Es gibt mehrere Arten von ihnen. Sie leben in Kolonien mit tausenden von Tieren und verbringen die lange Zeit des dunklen Winters eng aneinander gedrückt. Sie bilden einen Kreis mit dem Rücken zum Wind und kommen mehrere Wochen ohne Nahrung aus. Dafür haben sie eine Reserve: Ihre Fettschicht ist gute 30 cm dick! Aber auch wenn die Antarktis eine Eiswüste ist, so sind die sie umge-

Der extremen Kälte trotzen

nahls. Die langen Stoßzähne der Walrosse sind sehr nützlich für die Tiere: Sie hauen damit Atemöcher ins Eis und ziehen sich mit hnen aus dem Wasser auf das Packeis, wohin sie sich zum Aufwärmen legen. Unter ihrer Haut haben sie eine dicke isolierende Fettschicht, genauso wie die Seehunde und die Eisbären. Das Moorschneehuhn wechselt ebenfalls seine Farbe: Normalerweise braun, wird es im Winter weiß.

Die Tundra

Die anderen Bewohner des hohen Nordens leben in Landstrichen, die direkt an das Nordpolarmeer angrenzen. Dort wachsen nur noch Moose, Flechten und einige Zwergsträucher, denn der Boden ist ständig gefroren. Im Winter müssen die Moschusochsen ① den Schnee mit ihren Hufen wegkratzen, um an etwas Nahrhaftes zu kommen. Die Lemminge ② sind kleine Nagetiere, die sich im Winter in ihre Erdbauten zurückziehen. Die Rentiere ③ wandern nach Süden, wo sie auf den lediglich zwei Monate langen Sommer warten. Sie kehren zur gleichen Zeit zurück wie zahlreiche Vogelarten, die in dieser Region nisten.

enden Meere doch voller Leben. Die Sonne scheint im Sommer und um die Uhr und fördert damit das Wachstum der mikroskopisch leinen Algen, die das Plankton bilden. Dieses erste Glied in einer angen Nahrungskette kann einige er größten Meeressäugetiere rnähren, darunter das größte ller lebenden Tiere, den Blauwal! ie Wale verschlingen auch Tonnen von Krill, der aus tausenden kleiner Krustentiere besteht. Die Schwertwale dagegen bevorzugen Seehunde, denen sie sogar bis auf die Strände nachjagen! Der Seeleopard ist die größte Robbe der Antarktis und der Schrecken aller Pinguin. Der See-Elefant taucht oft sehr tief auf der Suche nach Fischen und Tintenfischen.

DIE LEBENSRÄUME
AM SÜSSWASSER

Regenwasser ist für die unterschiedlichsten Tiere sehr wichtig. Wir unterscheiden die stehenden Teiche und Tümpel, die ruhigen, aber sich erneuernden Seen und die wilden Wasser der Flüsse. Das Leben ist nicht überall gleich: In den Bächen und Flüssen wird zwar ständig der Sauerstoff erneuert, aber ihre Bewohner, gleich ob Pflanzen oder Tiere, müssen sich gut an die Gewalt der Strömung anpassen, von der sie mitgerissen werden können.

In den gemäßigten Breiten

Die Uferböschungen der Flüsse sind mit hohen Gräsern, Binsen und Schilf bewachsen, die ihre Wurzeln ins Wasser strecken. Die Larven der Libellen können sich gut daran festhalten und auch die Fische kleben ihre Eier daran fest. Der Frosch versteckt sich gerne in den Seerosen.

Süßwasserfische

Die Hechte verstecken sich gerne in der Nähe des Ufers, um Rotaugen und Brassen zu überraschen, die im Schlick nach Wirbellosen suchen. Die Forelle ist eine hervorragende Schwimmerin, aber sie bleibt auch oft im Wasser stehen und siedelt mit Vorliebe in den Oberläufen der Flüsse, wohin der Lachs zur Fortpflanzung zurückkehrt.

Säugetiere in den Flüssen

Mit seinem kräftigen Schwanz und den Schwimmhäuten an den Füßen ist der Fischotter ein sehr guter Schwimmer und bemerkenswerter Fischer. Der Biber ist ein unermüdlicher Arbeiter und baut seine Unterkunft an Böschungen, wogegen sich der Waschbär mit einem einfachen Nest im Schutz der Bäume begnügt.

Flüsse in Europa und anderswo

In tropischen Regionen

Die Flussufer sind ein Paradies für die Fisch fressenden Vögel. Der Graureiher und der Eisvogel sind in den gemäßigten Zonen Europas genauso anzutreffen wie in Afrika und im tropischen Asien, gleich ob an Land oder am Wasser. Der Flamingo gräbt sich ein Erdnest. Mit seinem langen Schnabel, an dem ein Kehlsack hängt, den er wie ein Netz benutzt, kann der Pelikan Fische fangen. Die meisten anderen Stelzvögel aus den tropischen Regionen, wie der Silberreiher und der Ibis, suchen in der Nacht Schutz in den Baumkronen.

Die Giganten der Flüsse

In der Nacht verlässt das Flusspferd das Wasser auf der Suche nach Gras. Dieses große Säugetier wiegt durchschnittlich bis zu 2500 kg und verbringt die meiste Zeit des Tages im Wasser. Dieses Tier ist derart gut an das Wasser angepasst, dass selbst seine Jungen unter Wasser geboren werden und schon einmal bei der Mutter saugen, bevor sie überhaupt zum Atmen nach oben kommen! Ein anderer großer Pflanzenfresser, der im Wasser lebt, ist der Dugong, eine Seekuh, die wir entlang der Küsten Afrikas, Asiens und Australiens finden. Manchmal unternimmt der Dugong lange Wanderungen in wärmere Gewässer auf der Suche nach Nahrung. Sein Verwandter, der Manati, verlässt das Wasser nie.

Jäger in tropischen Gewässern

Die großen Jäger der tropischen Gewässer, die südamerikanischen Kaimane, verbringen viel Zeit an Land, weil sie sich ständig aufwärmen müssen. Selbst wenn ihre Wasserstellen austrocknen, macht ihnen das nichts aus. Sie graben sich dann einfach in den Schlamm ein.

DER GEMÄSSIGTE WALD EUROPAS

Der gemäßigte Wald wechselt im Laufe der Jahreszeiten seine Farbe: Grün im Sommer, wird er im Herbst gelb und rot, bis er zum Winter hin schließlich alle Blätter abwirft. In ihm stehen zum großen Teil Laubbäume wie die Eiche und die Buche in Europa, der Ahorn und die Linde in Nordamerika. Gemäßigte Wälder sind auch in Ostchina und Australien zu finden.

Ein Leben im Untergrund

Unter einer dicken Schicht abgefallener Blätter ziehen die Spitzmaus und die Feldmaus im Schutz vor ihren Fressfeinden ihrer Wege: den Füchsen aber auch den Wildschweinen. Die Vorfahren unseres Hausschweins suchen außerdem nach Eicheln und Pilzen, die sie für ihr Leben gerne fressen. Im Winter rollt sich der Igel unter einer Schicht Blätter zu einer Kugel zusammen und hält über mehrere Monate einen Winterschlaf. Viele andere Tiere schlafen ebenfalls den Winter durch. Die Hirsche und Rehe ernähren sich mehr schlecht als recht von Flechten und Baumrinden.

Frühlingserwachen

Der Frühling ist ein Fest: Junge Triebe und zarte Blätter erfreuen nicht nur die großen Pflanzenfresser, sondern auch die Schmetterlingsraupen. In dieser Zeit überzieht das gelichtete Unterholz ein Teppich aus Maiglöckchen und Hyazinthen. Die Hirschkühe bringen ihre Kälber zur Welt und das Geweih der Hirsche beginnt zu wachsen.

Im Rhythmus der Jahreszeiten

Wintervorräte

Nach den roten Früchten des Sommers müssen Vorräte für den Winter gesammelt werden: Eichhörnchen sammeln und verstecken Eicheln, Nüsse und Kastanien. Oft vergessen sie einige Vorräte. Vielleicht wachsen im Frühjahr Schösslinge daraus!

Der mediterrane Wald

Er wächst etwas weiter südlich, rund ums Mittelmeer, aber auch in Kalifornien, in Südafrika und in Australien. Die Bäume haben sich an das wärmere und trockenere Klima angepasst: Sie wachsen vor allem im Winter und im Frühjahr, wenn genügend Feuchtigkeit vorhanden ist. Die Laubbäume tragen harte Blätter, manchmal piken sie auch, wie die der Stechpalme, die im Winter nicht abfallen. Steineichen, Korkeichen und Olivenbäume bilden zusammen mit der Pinie und der Aleppokiefer offene Wälder. Wenn der Wald zurückweicht, stehen die Bäume nur noch vereinzelt in den großen Weiten mit Dornbüschen und duftenden Hecken: Wir befinden uns jetzt in der Macchia, wo es auch wild lebende Schweine gibt und sich Eidechsen und Nattern auf den Steinen wärmen.

DER TROPISCHE REGENWALD AMAZONIENS

Der Amazonaswald bedeckt in Südamerika eine Region so groß wie Europa. Der nördlich und südlich um den Äquator wachsende Tropenwald wird vom Amazonas durchquert. Das ganze Jahr über ist es heiß und feucht: Die Bäume verlieren ihre Blätter niemals vollständig und sind Nahrungsquelle für zahlreiche Tiere. Nirgendwo sonst gibt es eine derart vielfältige Flora und Fauna.

Der Wettlauf zum Licht

Alles in Amazonien ist überdimensional: 40 % der Bäume unseres Planeten wachsen hier. Wissenschaftler haben 50 000 Tierarten und 30 000 Pflanzenarten entdeckt. Der Konkurrenzkampf zwischen den Pflanzen ist derart hart, dass die Bäume hoch hinauswachsen, um an das begehrte Sonnenlicht vorzustoßen, das sie für ihre Fotosynthese brauchen. Die höchsten unter ihnen erreichen 60 m!

In der Kronenschicht

Riesige Bäume überragen das dichte Blätterdach, das von den etwas kleineren Bäumen gebildet wird. In etwa 40 m Höhe befindet sich die Kronenschicht, in der die meisten Waldbewohner leben. Die winzigen Kolibris saugen mit ihren strohhalmförmigen Schnäbeln den Nektar aus den Hibiskusblüten. Die großschnabligen Tukane, die bunten Aras und ganze Kolonien von Langschwanzaffen, Klammer-

Amazonien, ein Leben in Hülle und Fülle

affen und Brüllaffen finden hier ausreichend Früchte und Insekten. Die Faultiere fressen nur hartschalige Blätter. Sie verdauen und schlafen 19 Stunden am Tag. Sie bewegen sich so wenig, dass ihr Fell von grünen Algen und von Schmetterlingen übersät ist.

Das Reich der Raubkatzen

In der Zwischenetage bis etwa 9 m Höhe klettern die Vogelspinnen und Blattschneiderameisen die Baumstämme hinauf, an denen die Orchideen mit ihren Luftwurzeln wachsen. Der Ozelot, eine kleine Raubkatze von etwa 1 m Größe, jagt lautlos nach Affen und Leguanen. Der große Jaguar jagt lieber am Boden oder fischt in den Flüssen, wo die größte Schlange der Welt, die Anakonda, lauert. Das Opossum ernährt sich von Früchten und Würmern, während der Große Ameisenbär sich vor allem mit Ameisen und Termiten begnügt.

DER ÄQUATORIALWALD AFRIKAS

Im Herzen Afrikas durchfließen der Kongo und seine Nebenläufe den zweitgrößten Regenwald der Welt nach dem in Amazonien. Er zieht sich im Westen von der Atlantikküste bis in den Osten in die Berge Ugandas und Ruandas. Er liegt zum größten Teil in der Region des sehr heißen und feuchten Äquatorialklimas, wo 1250 mm/m² Regen pro Jahr fallen! Dieser dichte Wald ist ein Refugium für die großen Affen.

Die Primaten

Ebenso wie in Amazonien leben auch hier die kleinen Langschwanzaffen in der Kronenschicht und ernähren sich vor allem von Blättern und Früchten. Die Schimpansen, die zu den Großaffen gehören, vervollständigen ihren Speiseplan mit Insekten, Eiern und manchmal auch kleinen Antilopen, die sie in der Gruppe jagen. Sie steigen gerne zum Boden herab, aber sie schlafen immer in den Bäumen. Diese Angewohnheit teilen sie sich mit den sehr viel kräftigeren Gorillas, bei denen die Leitmännchen bis zu 1,90 m groß und 200 kg schwer werden. Neben diesen nahen Verwandten des Menschen beherbergt der Äquatorialwald aber auch sehr viel ältere Primaten wie den Potto und den Galago, die zu

In Afrika bei den großen Affen

den Lemuren gehören. Sie leben in den unteren Ästen und sind nur nachts aktiv.

Im Schatten des Unterholzes

Selbst am helllichten Tag ist es im unteren Teil des Waldes recht dunkel: Die großen Bäume lassen kein Licht durch. In diesem Halbschatten gedeihen Farne. Hier ist der Lebensraum vieler Säugetiere, die im Schutz des Waldes ihrer Wege ziehen. So zahlreich wie sie auch sind – sie lassen sich nur selten blicken. Der Waldelefant ist kleiner als seine Verwandten in der Savanne. Seine Stoßzähne sind nach unten gerichtet und nicht gekrümmt. So hindern sie ihn nicht beim Durchstreifen des Dickichts. Auch vom Flusspferd gibt es eine Miniaturausgabe im Wald von Liberia: das Zwergflusspferd. Aber im Wald leben auch zahlreiche Antilopenarten, vom großen gestreiften Bongo bis zur kleinen Ducker-Antilope. Das Okapi, ein Verwandter der Giraffe, kann sicher sein, hier das ganze Jahr über junge Triebe und zarte Blätter zu finden. Aber sobald er einen Leoparden entdeckt, zieht sich dieser Einzelgänger schnell in den dunklen Wald zurück.

DER DSCHUNGEL ASIENS

Indien und Südostasien gehören zwar zu den Tropen, aber hier konzentrieren sich die Regengüsse auf einige Monate während des Monsuns. In dieser Zeit erwacht die Vegetation zu neuem Leben, sie »explodiert« regelrecht. Danach herrscht wieder Trockenheit. Viele Bäume verlieren ihre Blätter und die Sonne verbrennt das Gras. Der echte Dschungel ist ein Saisonalwald: Er ist dort, wo zweimal pro Jahr der Monsunregen fällt, und er ist offener als der Regenwald, mit dem er oft verwechselt wird.

Lianen und Schmarotzerpflanzen

Die Lianen (der Rotangpalme) wachsen bis zu den Wipfeln der sich nach oben verzweigenden Baumstämme. Das ist ihre einzige Chance, genügend Licht zu bekommen. Aber ihre Wurzeln belassen sie in der Erde, damit sie für ihr Wachstum genügend Wasser und Nährstoffe erhalten. Die Schmarotzerpflanzen dagegen nehmen sich alles, was sie brauchen, von anderen Pflanzen. Die spektakulärste unter ihnen ist die Riesenrafflesie (Rafflesia arnoldii) ①,

Ein Wald unter dem Monsunregen

deren Blüte 1 m breit werden kann. Sie wächst in den Wäldern Indonesiens und Malaysias.

Ein Leben in den Bäumen

Hier leben die letzten Orang-Utans ②. Diese Großaffen sind Einzelgänger und steigen nur selten auf den Boden herab. Der gut an seiner langen Nase erkennbare Nasenaffe ③ lebt nur auf Borneo. Die sehr viel leichteren Gibbons ④ hangeln sich schnell von Ast zu Ast oder schwingen sich an Lianen fort. Im Laufe der Evolution hat das Flughörnchen ⑤ eine gespannte Haut zwischen seinen Vorder- und Hinterfüßen entwickelt. Es kann damit über 50 m weit segeln.

Im Reich des Tigers

Der Dschungel ist das Reich des Tigers ⑥, der größten Raubkatze, sowie der Königskobra ⑦, der größten Giftschlange der Welt. Beide können einen Asiatischen Elefanten ⑧ töten, der aber in der freien Wildbahn nur noch selten anzutreffen ist.

Der Doppelhornvogel ⑨ hat einen vorstehenden Schnabel mit einem hornförmigen Aufsatz. In China sucht der Goldfasan ⑩ immerzu nach Schatten, weil seine wunderschönen Farben in der Sonne verblassen. Auch der herrliche Blaue Pfau ⑪ lebt in den Wäldern Südasiens.

Bambuswälder

Bambus wächst überall, vorausgesetzt er hat etwas Wärme und Feuchtigkeit. In den tropischen Wäldern steht er eng beieinander und bildet dichte Wälder. Bambus wächst das ganze Jahr über und wird in wenigen Monaten bis zu 30 m hoch. In Asien sind die Bambuswälder das Reich des Großen Pandas und des Katzenbärs.

DER WALD IM HOHEN NORDEN

Der Wald des hohen Nordens hat die dunkle Farben der Nadelwälder. Einige Laubbäume wie Birke, Ahorn, Erle und Pappel bringen Farbtupfer in dieses Meer von Immergrün: zartgrüne im Sommer, rote und gelbe im Herbst. Dieser raue Wald grenzt im Süden an die Tundra und bedeckt eine Fläche, die fast so groß ist wie die des tropischen Regenwalds. Er umfasst den gesamten hohen Norden von Alaska bis Sibirien.

Raue Bedingungen

Der harzige und duftende Saft der Kiefer, Fichten und Lärchen ist für diese Bäume ein gut wirksames Frostschutzmittel in Regionen, wo die Temperatur oft unter –25 °C fällt. Die anfälligeren Laubbäume bevorzugen dagegen sumpfigere Stellen oder Seeufer. Dort, wo die Bäume nicht mehr so dicht beieinander stehen, wachsen Heckensträucher, die im Sommer die Tiere im Wald mit Heidel- und Blaubeeren und anderen Früchten versorgen.

Die Pflege des Waldes

Der Weißwedelhirsch, der Wapiti-Hirsch und der Elch tragen ihren Teil dazu bei, dass der Wald gelichtet wird: Diese Pflanzenfresser bevorzugen nämlich die jungen Schösslinge! Wenn im Winter die Nahrung knapp wird, ernähren sie sich von den Borken der Laubbäume. Viele Bäume fallen den Zähnen des Bibers zum Opfer: Mit den Stämmen staut er Flüsse und Bäche auf und verstärkt den Eingang zu seinem Bau, den er aus Zweigen und Schlamm unter Wasser gebaut hat.

Nadelwälder so weit das Auge reicht

Die Jäger des Waldes

Sein Bau ist der ideale Schutz für den Biber vor dem Grisli und dem Schwarzbären, die im Übrigen sehr gerne Fisch und Honig fressen. Selbst der Elch, der größte Vertreter der Hirsche, muss sich vor ihren Prankenhieben in Acht nehmen. Das Geweih des Elchs kann bis zu 1,80 m breit werden, aber es nützt ihm überhaupt nichts, wenn er von Wölfen angegriffen wird. Der Luchs jagt fast ausschließlich den Schneeschuhhasen, der mit seinen langen Läufen nicht in den Schnee einbricht.

Die sibirische Taiga

Sieben Zehntel des Waldes im hohen Norden erstrecken sich über Sibirien, wo man ihn Taiga nennt. Rentiere und Elche finden hier im Winter Schutz vor den eiskalten Winden. Aber er bietet ihnen keinen Schutz vor dem Vielfraß, der auf dem gefrorenen Schnee sehr gut laufen kann. In dieser Jahreszeit schlafen die Lemminge in ihren Erdbauten.

Bedrohte Tiere

Der Marder und das Hermelin wären fast ausgestorben, so groß war die Gier des Menschen nach ihren Fellen. Der Sibirische Tiger ist durch Jagd und Entwaldung noch stärker bedroht.

Die Vögel der Taiga

Mit den ersten schönen Tagen kehren auch die Vögel in die Taiga zurück, um hier zu nisten. Die meisten von ihnen ernähren sich von den Samen der Nadelbäume: Der Kreuzschnabel ist besonders geschickt darin, die Samen aus den Zapfen zu picken. Die Großtrappe lebt das ganze Jahr über in der Taiga. Sie fliegt nur, wenn sie in Gefahr ist.

DIE BERGE IN DEN GEMÄSSIGTEN

Das Leben in den Bergen erfordert sehr viel Widerstandskraft. Alle 200 m, die man nach oben steigt, sinkt die Temperatur um 1 °C. Außerdem müssen sich die Lebewesen an eine zwar reinere, aber dünnere Luft anpassen und Winde aushalten, die viel stärker sind als in der Ebene. In den Bergen der gemäßigten Regionen ist der Winter eine besonders schwierige Zeit. Die hohe Bergkette der Europäischen Alpen ist für dieses Gebirgsmilieu charakteristisch.

Hohe, spitze Gipfel und ausgedehnte Gletscher beherrschen die Silhouette der Alpen, die sich in einem Bogen vom Mittelmeer bis nach Österreich hinziehen. Der Mont Blanc ist mit 4807 m der höchste Gipfel. Aber er ist von vielen anderen Viertausendern wie dem Matterhorn (oben) umgeben.

Die einzelnen Vegetationsstufen im Gebirge

Mit jedem Meter, den man einen Berg hinaufsteigt, ändern sich die Vegetation und gleichzeitig auch die Lebensbedingungen. Die einzelnen Stufen sind für alle Berge in den gemäßigten Regionen mehr oder weniger gleich, egal ob es sich um die Alpen in Europa oder die Rocky Mountains in Nordamerika handelt. Hat man erst einmal die erste Stufe, d.h. die der Täler unterhalb von 1000 m, hinter sich gelassen, kommt man in die Bergregion: Hier wächst der Wald.

Rückzugsgebiet Wald

Wachsen zunächst hauptsächlich Laubbäume wie Eichen und Buchen, so weichen sie mit zunehmender Höhe, etwa ab 2000 m, immer mehr vor den dunklen Nadelbäumen zurück: Tannen, Fichten und Lärchen sind widerstandsfähiger gegen die schneereichen Winter.
In dieser Vegetationsstufe leben das Birkhuhn ①, ein Bodenvogel, sowie der Luchs ② in den Karpaten und den spanischen Pyrenäen. Dorthin steigt auch die Gämse ③ im Winter hinab, wenn es weiter oben keine Nahrung mehr gibt.

Die Herren der Berge

Im alpinen Grasland

Je weiter man nach oben steigt, desto gewundener werden die Bäume, gekrümmt, um mit aller Kraft gegen den Wind zu kämpfen. Bei etwa 3000 m sind sie dann völlig verschwunden. Hier wachsen nur noch niedrige Pflanzen. Im Sommer bilden sie eine saftige Wiese, die von Blumen und Blaubeeren nur so übersät ist. In dieser Region leben auch das Murmeltier ④, das Hermelin ⑤ und der Schneehase ⑥, die das ganze Jahr über hier bleiben. Wenn der erste Schnee fällt, zieht sich das Murmeltier zum Winterschlaf in seinen Bau zurück. Hermelin und Schneehasen dagegen wechseln ihr Fell: Es fällt aus und wächst dicker und weiß nach. Durch das weiße Fell können sie von ihren Feinden nur schwer im Schnee ausgemacht werden.

Im Taumel der Gipfel

Am Himmel lauern der Wanderfalke ⑦ und noch weiter oben der Steinadler ⑧ kleinen Säugetieren auf. Zwischen den Gipfeln leben die Gämsen und Steinböcke ⑨. Mit den weichen Ballen unter ihren Hufen können sie sicher auf den steilsten Abhängen klettern.

Alpenblumen

Der Frühling in den Bergen ist spektakulär: Mit der Schneeschmelze beginnt das alpine Grasland wieder grün zu werden und ist von einem Blumenmeer überzogen. Das Edelweiß ① mit seinen samtigen Blättern ist die bekannteste dieser Blumen. Der Gletscherhahnenfuß ② hält den Höhenrekord: Man hat ihn sogar schon in 4275 m Höhe in den Alpen gefunden! Die meisten Bergblumen wie die Alpenrose ③, der Frühlingsenzian ④ und der Gelbe Enzian ⑤ haben lebendige Farben. So können sie besser die ultravioletten Strahlen der Sonne filtern, die in der Höhe sehr viel intensiver sind und das Pflanzenwachstum stoppen.

DIE HOCHEBENEN

Der Himalaja bildet in Südasien eine Barriere zwischen gemäßigten und tropischen Regionen. Die Südseite steht den Einflüssen des Indischen Ozeans offen. Hier erstreckt sich der Dschungel bis in eine Höhe von 2000 m an den Hängen des Himalaja. In Südamerika wächst der dichte und feuchte Nebelwald bis in eine Höhe von 3500 m an den regenreichen Hängen der Anden. Diese Üppigkeit steht im Widerspruch zu den fast wüstenartigen Landschaften der Hochebenen oberhalb von 4000 m.

Von Pakistan bis Bhutan reiht die Himalajakette auf 2800 km 14 Gipfel aneinander, die jeweils höher als 8000 m sind. Über das »Dach der Welt«, wie der Himalaja auch genannt wird, erhebt sich auch der höchste Berg der Erde: Der Mount Everest mit einer Höhe von 8850 m steht auf der Grenze zwischen Nepal und China.

Der Himalaja

Oberhalb des Dschungels sind die Wälder des Himalaja mit Nadelbäumen und Rhododendronhecken bewachsen. Zwischen Nepal und China wachsen kleine Bambuswälder, in denen der Katzenbär ① lebt, der Verwandte des Großen Pandas. Der Furcht einflößende Kragenbär ② lebt ebenfalls in dieser Waldregion. Man trifft ihn nur im Himalaja.

Hochgebirge

Der Schneeleopard ③ ist die einzige Raubkatze, die in den Bergen lebt. Er wandert zwischen dem lichten Nadelwald und den Hochebenen hin und her. Dort trifft er häufig auf seine Lieblingsbeute, den Pfeifhasen ⑤ und den Markhor ④, eine Wildziege mit spiralförmigen Hörnern, auch Schraubenziege genannt. Der kleine Pfeifhase hält auch im eisigen Winter keinen Winterschlaf, da er sich genügend Pflanzenvorräte für diese Zeit anlegt. Man findet ihn sogar in Höhen oberhalb von 5000 m in den Regionen des ewigen Schnees.

Kalte Regionen nördlich der Tropen

Die Anden

Mit einer Länge von 8000 km sind die Anden die längste Bergkette der Welt. Die klimatischen Verhältnisse sind hier von Norden nach Süden sehr unterschiedlich. Diese Unterschiede sind jedoch auf dem Altiplano, dem Hochland, das von mehr als 6000 m hohen Gipfeln umrahmt wird, nicht mehr so extrem.

Das Altiplano

Auf dem windgepeitschten Altiplano friert es an neun von zehn Tagen. Der Boden ist sehr mager. In dieser Grassteppe, der Puna, wachsen das steifbüschelige, ockerfarbene Ichu-Gras und Zwergsträucher mit harten Blättern, denen Kälte und Trockenheit nichts anhaben. Nur die großen Riesenbromelien Puyas raimondii ① heben sich aus der Landschaft hervor. Die Verwandten der Ananas haben rosettenförmige Blätter, um die wenige Feuchtigkeit besser speichern zu können. Einige Kleinvögel nisten darin.

Seltene Bewohner

Die Blätter der Puyas haben kleine Widerhaken, damit sie nicht von den Vikunjas ② und den Guanakos ③, den wilden Verwandten des Lamas ④ und des Alpakas ⑤, abgefressen werden. Trotz der dünnen Luft können diese Verwandten des Kamels auf dem Altiplano leben, weil ihr Blut dreimal mehr Sauerstoff enthält als das anderer Säugetiere von gleicher Größe. Unter ihrer seidenweichen Wolle schützt eine Luftschicht ihren Körper vor der Kälte.

Die Giganten der Puna

Auch wenn der Puma ⑥ bis auf das Altiplano vordringt, so bleibt doch der Andenkondor ⑦ der Herr über dieses Reich. Mit einer Flügelspannweite von 3 m ist er der größte Greifvogel. Er nutzt die starken Luftströmungen über den Bergen, um bis zu 5500 m hoch zu steigen.

Der Brillenbär ist der einzige Bär Südamerikas. Er lebt in den Waldregionen der Anden bis zu einer Höhe von 3000 m und ernährt sich vor allem von Früchten und Pflanzen.

PRÄRIEN UND STEPPEN

Weite Landschaften mit Gräsern und Blumen bedecken die Ebenen Nordamerikas. In Amerika heißen sie »Prärie«, in Argentinien werden sie »Pampa« genannt. Der Grasteppich ist mehr oder weniger hoch und dicht, je nach der Menge des Regens, der fällt. Der Wind bläst in diesen Regionen sehr heftig, deshalb wachsen keine Bäume. Die Graslandschaften in Europa und Asien werden »Steppen« genannt.

Die Prärie Nordamerikas

Im Frühjahr wird mit dem Regen und der Schneeschmelze das Gras wieder grün und die Prärieblumen fangen an zu blühen. Im Sommer wird das Gras goldgelb und wirft Unmengen von Samen für den Herbst ab. Der Präriehund ① lagert diese Samen in seinen Erdbauten. Kojoten ② und Wanderfalken ③ ziehen durch die unendlichen Weiten der Prärie. Sie ist aber auch das Reich des inzwischen vom Aussterben bedrohten Weißen Kranichs ④ und der Klapperschlange ⑤, deren Biss tödlich ist.

Die Pampa

In der argentinischen Graslandschaft fällt der Regen regelmäßiger, aber Wind und Kälte werden immer spürbarer, je weiter man nach Süden kommt. Die hohen Gräser der Pampa im Zentrum des Landes werden zu harten Büscheln, die in Patagonien spärlicher werden.

Das Reich der Pflanzenfresser

Die großen Pflanzenfresser sind die Herren der Graslandschaften. Die Guanakos ① weiden das Gras ab und ermöglichen so, dass es wieder

Zur Zeit der Indianer gab es Millionen von Bisons ⑥. Sie wurden gnadenlos mit dem Gewehr gejagt und stehen heute unter Artenschutz. Ebenso wie die Mustangs ⑦, ausgewilderte Pferde, wurden die Bisons in Schutzreservaten angesiedelt.

Die weiten Landschaften in Amerika und Asien

nachwächst. Denn im Gegensatz zu den anderen Pflanzen wächst das Gras von der Basis her und nicht an der Spitze der Halme. Der Magellanfuchs ② versteckt die Reste seiner Mahlzeit unter Steinen. Und auch der Nandu ③ ist hier häufig anzutreffen, eine kleine Straußenart, die ihre Flügel wie einen Balancierstab benutzt. Der Pampashase ④, ein großes Nagetier, ernährt sich vor allem von Gräsern und Blättern. Das Braunborsten-Gürteltier ⑤ und die Viscacha ⑥, eine Chinchilla mit schwarzer Maske, graben beide unterirdische Gänge.

Die Eurasische Steppe

Im Herzen der riesigen von Europa und Asien gebildeten Landmasse herrscht Kontinentalklima. Die Sommer sind sehr heiß, die Winter extrem kalt und es ist immer trocken. In diesem Klima kann sich natürlich keine üppige Vegetation entwickeln. Selbst Gras ist in Zentralasien rar.

Die Bewohner der Erdbauten

Außer dem Asiatischen Wildkamel ①, dem weder die Kälte noch die Trockenheit etwas anhaben können, und der Saiga-Antilope ②, die im Winter in wärmere Gebiete abwandert, leben in der Steppe Zentralasiens an Säugetieren nur noch kleine Nagetiere wie das Steppenmurmeltier ③ und die Steppenlemminge ④. Nach dem Vorbild ihrer amerikanischen Verwandten, dem Präriehund und dem Viscacha, graben sie bis zu 1 m tiefe Erdbauten, die untereinander durch Gänge verbunden sind. Hier sind sie geschützt vor der Kälte und ihren Fressfeinden, den Greifvögeln oder dem am Boden lebenden Manul ⑤, einer großen Fleisch fressenden Wildkatze, die ebenfalls in Erdbauten lebt.

DIE AFRIKANISCHE SAVANNE

Selbst ganz in der Nähe der Tropen finden sich Graslandschaften. Sie wachsen auf Böden, die entweder zu mager sind oder zu oft überschwemmt werden, als dass sich der Tropenwald darauf ausbreiten könnte. Aber im Gegensatz zu den Graslandschaften der gemäßigten Zonen wachsen hier auch Bäume. Sie stehen einzeln oder in kleinen Wäldchen zusammen.

Trockenzeit, Regenzeit

In der afrikanischen Savanne fallen vor allem die schirmförmigen Akazien ① und die flaschenförmigen Affenbrotbäume ② auf. Der Affenbrotbaum ist wie ein Schwamm: Während der Regenzeit pumpt er aus dem Boden ein Maximum an Wasser, das er in seinem weichen Stamm speichert. So kann er die lange Trockenzeit überstehen, die manchmal neun Monate dauert und während der die Flüsse austrocknen. Nur einige wenige Tümpel bleiben mit Wasser gefüllt. Die Herden sind deshalb gezwungen, in feuchtere Gebiete zu ziehen. Trockenzeit bedeutet aber auch Feuergefahr. Die Feuer greifen mit rasender Geschwindigkeit um sich, sodass selbst die schnellsten Tiere manchmal nicht mehr entkommen

Die Kunst der Flucht

In der Savanne gibt es viele schnelle Läufer. Der Gepard ist mit einer Spitzengeschwindigkeit

Eine Graslandschaft in den Subtropen

von 110 km/h das schnellste Säugetier. Er und der Löwe sind die Furcht erregendsten Feinde der Gazellen und Antilopen. Diese friedlichen Pflanzenfresser zählen auf den Schutz der Herde, in der Wachposten stets in Alarmbereitschaft sind. Überschreitet ein Feind die Sicherheitsgrenze, flieht die Herde sofort. Der Strauß setzt bei der Flucht vor den Raubkatzen auf seine Ausdauer: Dieser große Laufvogel kann 20 Minuten lang eine konstante Geschwindigkeit von 70 km halten.

Jäger und Aasfresser

Um die riesigen Herden von Pflanzenfressern streifen immer auch andere Fressfeinde herum: Die im Rudel jagenden Hyänenhunde und Tüpfelhyänen greifen Zebras und Gnus an. Die Aasfresser teilen mit den Aasgeiern die Kadaver, die von den Raubkatzen zurückgelassen wurden.

Burgen aus Ton

In der Savanne ragen seltsame Bauten aus der Erde: Die größten unter ihnen sind 8 m hoch! Diese Bauwerke aus der Erde und Speichel sind nur der sichtbare Teil der Termitenbauten, einem unterirdischen Labyrinth, das von Termiten errichtet wird. Termiten organisieren ebenso wie die Ameisen ihr ganzes Leben rund um die Königin. Sie sind die Müllabfuhr der Savanne, denn sie ernähren sich von Pflanzenresten.

DIE AFRIKANISCHEN WÜSTEN

Die Wüsten bedecken ein Drittel der Landfläche und sind, mit Ausnahme Europas, auf allen Kontinenten anzutreffen. Wüsten sind sehr trocken: Regen fällt selten und unregelmäßig, manchmal bleibt er über viele Jahre ganz aus und die Trockenheit wird noch durch die Verdunstung aufgrund der Sonneneinstrahlung oder des Windes verschärft. Die Sahara im Norden Afrikas ist die größte Trockenwüste der Welt.

Die Sahara

Die Sanddünen machen nur ein Fünftel der Sahara aus. Der Rest besteht aus Ebenen und Plateaus aus Kieselsteinen, der Geröllwüste, auch Reg genannt. Aber es gibt auch hohe Gebirgszüge in der Sahara: Der Emi Koussi im Tibestigebirge ist mit 3418 m die höchste Erhebung der Sahara. Auf diesem im Winter schneebedeckten Berg leben sogar Mufflons! Im Hochland von Ennedi, das ebenfalls im Tschad liegt, speisen unterirdische Quellen die Wasserlöcher, die Gueltas, in denen die letzten Krokodile der Sahara leben. Sie sind Zeugen einer Epoche vor über 4000 Jahren, in der die Wüste noch grün war.

Auf der Suche nach Wasser

Tief liegende, Grundwasser führende Schichten speisen die Oasen, in denen die Menschen Dattelpalmen anpflanzen. Die Flüsse der Wüste, so genannte Wadis, sind die meiste Zeit ausgetrocknet. Bei starken Regenfällen schwellen sie enorm an! Dann keimen plötzlich überall Samen, die bis dahin im Boden ruhten. Zwei Wochen reichen aus, damit die neuen Pflanzen

In sternenklaren Winternächten fällt die Temperatur bis auf -10 °C, während sie an heißen Sommertagen bis über 50 °C ansteigt. Aber die Luft bleibt immer trocken. Die Temperaturunterschiede lassen die Steine platzen. Der Wind macht sich dann an seine Erosionsarbeit, modelliert und verschiebt ganze Dünen.

Ohne ... oder fast ohne Wasser überleben

ˀeif werden und die nächste Samengeneration produzieren. Aber auch die Tiere können vahre Wunder vollbringen: Das Dromedar braucht mehrere Tage ang nicht zu trinken. Es nutzt das n seinem Organismus enthaltene Wasser und spart auch noch Wasser ein, indem es nicht schwitzt ınd nicht uriniert. Andere Tiere vie die Mendesantilope, eine veiße Wüstenantilope, trinken ıie: Ihnen genügt das Wasser in ıhrer Nahrung.

In Südafrika

Die Namibwüste grenzt an den Atlantik und ist ständig in Nebel gehüllt, der vom Meer her weht. Dieser Nebel hilft der Welwitschia ① dabei, bis zu 2000 Jahre alt zu werden! Diese seltsame Pflanze ist eigentlich ein Baum, dessen Stamm nur kurz aus der Erde ragt. Weiter im Osten bekommen die Kalahari und das Namaqualand mehr Regen vom Indischen Ozean. Wenn die Regenfälle ausreichend sind, was aber nicht jedes Jahr vorkommt, wird diese Einöde von einem Meer von Blumen übersät. Viele Pflanzen der Wüste wie die Aloe ② produzieren einen milchigen Saft, der das Wasser speichert.

Der Hitze trotzen

In den Wüsten Südafrikas leben die Erdmännchen ③. Sie verbringen den ganzen Tag an der Sonne, wenn die meisten anderen Tiere, wie der Klippschliefer ④ und der Gecko ⑤, in ihren kühlen Bauten oder unter den Felsen bleiben. Diese Angewohnheit setzt die Tiere der Gefahr aus, von Greifvögeln erjagt zu werden. Aber Mitglieder der Kolonie halten immer auf ihren Hinterbeinen stehend Wache. Bei der kleinsten Gefahr flüchten sie sich in die Erdbauten, die sie den Wüstenhörnchen abgejagt haben.

TROCKENWÜSTEN

Auf dem amerikanischen Kontinent gibt es zwei große Wüstenregionen. Die eine verläuft im Südwesten der USA und zieht sich bis nach Mexiko. Sie zählt eher zu den Halbwüsten. Die Küstenwüsten in Südamerika, die Nazca in Peru und vor allem die Atacama in Chile, sind dagegen sehr viel lebensfeindlicher. In Australien, wo in drei Vierteln des Landes nur wenig Regen fällt, finden wir die ganze Bandbreite der Trockenregionen.

Nordamerika

In den nordamerikanischen Wüsten stehen riesige Kakteen ① in Form von Kerzenleuchtern. Der Saguaro-Kaktus wird über 15 m hoch und 200 bis 300 Jahre alt. Seine Wurzeln reichen nicht sehr tief und breiten sich rund um den Stamm aus. So geht kein Tropfen Wasser verloren! Der Stamm und die Verzweigungen dehnen sich aus, um einige hundert Liter Wasser speichern zu können.

Eine vielfältige Fauna

Der Gila-Specht ② pickt sich eine Schutzhöhle in den Kaktus. In der Nacht wird es in der Wüste richtig laut: Die Klapperschlange ③ reibt ihre Klappern am Schwanzende gegeneinander und erinnert mit diesem Geräusch ihre Feinde daran, dass ihr Gift in wenigen Sekunden tödlich wirkt. Das Stinktier ④ verteidigt sich, indem es eine übel riechende Flüssigkeit über 3 m weit verspritzt! Am Tage wärmen sich die Chuckwallas ⑤ auf den Steinen: Bei Gefahr zwängen sich diese großen Echsen zwischen zwei Steine und blähen ihre Haut auf. So können ihre Feinde sie nicht angreifen. Selbst im Tal des Todes, dem heißesten Ort Amerikas, wo das Thermometer auf bis zu 58 °C steigt, gibt es Leben: die Känguruatte ⑥. Dieser Nager lagert bis zu 5 kg Samen und Körner in seinen unterirdischen Bauten.

Erstaunliche Landschaft in der kalifornischen Sonora-Wüste: Nach einem sommerlichen Platzregen erblüht die Wüste in tausend Farben.

Die trockenen Regionen Amerikas und Australiens

Chile

Die Atacama-Wüste erstreckt sich über 3700 km entlang des Pazifischen Ozeans und steigt in den Anden bis in eine Höhe von 4000 m an. Sie wird von einer kalten Meeresströmung ausgetrocknet und ist deshalb trockener als die Sahara. In einigen Gegenden regnet es nur dreimal im Jahrhundert! Hier trocknen die Flüsse schon aus, bevor sie überhaupt den Ozean erreichen. Sie bilden riesig große Salzseen, die Salares, die nicht sehr tief sind. In ihnen leben Insekten und Algen, von denen sich die Flamingos ① ernähren. Der Guanako ② ist das einzige Säugetier, dass sich in diese extrem heiße Region vorwagt.

Australien

Auf diesem Inselkontinent regnet es nur an den Küsten ausreichend. Auf dem Weg ins Landesinnere ändert sich die Vegetation von einer mit Eukalyptusbäumen bewaldeten Savanne in eine Steppe mit stacheligen Akaziensträuchern. Im Inneren der Wüste heben sich die Pinnacles ①, kalkhaltige Gesteinformationen, und der leuchtend rote Ayers Rock ② ab. In den Dünen entlang der Simpson-Wüste, in der die Temperaturen im Sommer auf 60 °C steigen, wächst nur noch das Stachelschweingras, das seinen Namen zu Recht trägt. Hier lebt auch der Wüstenteufel ③. Die Stacheln auf seinem Rücken sind das einzige Verteidigungsmittel dieser Echse, die lange Zeit ganz ruhig sitzen bleiben kann. Der Goulds Waran ④ frisst neben Insekten auch kleine Säugetiere und Vögel. Dieses Reptil, das maximal 1 m groß wird, hat ein großes Territorium, genau wie das Rote Känguru ⑤, das 200 km zur nächsten Wasserstelle hüpfen kann. Sein größter Feind ist der Dingo ⑥, ein Wildhund.

DIE LEBENSRÄUME AUF DEM LAND

Wiesen und Felder bieten einen Lebensraum, der keinesfalls sich selbst überlassen ist. Der Mensch hat die Wälder gerodet, um den Boden bestellen zu können, und lässt Nutzviehherden auf den Wiesen weiden. Rund um die Städte und Dörfer finden wir daher Landschaften, in denen eine Tierwelt ihren Platz gefunden hat, die uns vertraut ist. Dank der Arbeit der Landwirte fehlt es nie an Nahrung, aber das Gleichgewicht bleibt sehr zerbrechlich.

Reges Leben in den Hecken

An den Wegesrändern und zwischen den Feldern hindern die von Menschenhand gepflanzten und gehegten Hecken die Kühe, Pferde und Schafe daran, aus ihren Weiden auszubrechen. Sie schützen die Kulturpflanzen vor dem Wind, speichern Wasser und verhindern die Erosion des Bodens. Sie sind aber auch wertvolle Refugien für viele Tiere. Die darin lebenden Insekten sind ein gefundenes Fressen für die Singdrossel, das Rotkehlchen und die Amsel. Die Vögel ernähren sich im Sommer von den Früchten des Weißdorns und von Schlehen. Die Feldlerche begnügt sich damit, ihr Nest direkt am Boden zu bauen: Ihr braunes Federkleid reicht zu ihrer Tarnung.

Kleine Nagetiervölker

Die Hecken sind zugleich auch Speisekammer für zahlreiche kleine Nager wie die Feldmaus: Im Sommer knabbert sie an den jungen Trieben, im Winter frisst sie die Samen, die sie in ihrem Bau gesammelt hat. Das Kaninchen und der Hase unterscheiden sich durch ihre Lebensweise: Das Kaninchen lebt mit der Familie in Erdbauten und geht eher nachts

auf Nahrungssuche. Der größere Hase dagegen ist ein Einzelgänger und begnügt sich mit einer Mulde – der Sasse – als Lager, die er sich mit Gras auslegt.

Die Jäger des Feldes

Einige Feldbewohner fallen dem Fuchs zum Opfer, der tags und nachts jagt. Kaum dass sein buschiger Schwanz zu sehen ist, nimmt der Hase Reißaus und das Kaninchen versteckt sich in seinem Bau. Erwischt er keinen Hasen, so begnügt sich der Fuchs auch mit Würmern, einem Vogel, einer Maus oder einem Frosch, die auch auf dem Speiseplan des Dachses und seines Verwandten, dem Wiesel, stehen. Dank seiner schlanken Gestalt kann dieser Fleischfresser seine Beute sogar bis in deren Bau verfolgen! Andere Gefahren lauern am Himmel. Der Waldkauz macht nachts Jagd auf Kleintiere. Am Tag übernehmen dann der Bussard und der Turmfalke seine Arbeit. Wenn sie ihre Beute entdeckt haben, stürzen sich diese Greifvögel mit hoher Geschwindigkeit auf ihr Opfer.

Unter der Erde

Viele Tiere finden nur unter der Erde Schutz. Der Fuchs zieht sehr gerne in die Bauten seiner Beute ein, der Kaninchen. Er vergrößert die Gänge und Kammern, wo er mit seiner Familie wohnt: das Männchen, seine Weibchen und die Jungen, von denen 4 bis 5 in einem Wurf geboren werden.

Der fast blinde Maulwurf verlässt nie sein unterirdisches Reich. Mit seinen starken Schaufelhänden gräbt er ein Netz von Gängen auf mehreren Etagen, die einige Dutzend Meter lang sind. Zum Fressen braucht er sich nur der Insektenlarven und Würmer zu bedienen, die ihm quasi ins Maul fallen!

DIE LEBENSRÄUME
IN DER STADT

Seit dem 19. Jahrhundert dehnen sich die Städte immer weiter aus und verschlingen dabei das umliegende Land. Zubetonierte Bodenflächen, Verschmutzung, Lärm, Gefahren durch den Straßenverkehr: All dies ist dem Leben der Tiere in der Stadt nicht gerade förderlich. Aber dennoch haben viele Tiere in der Stadt ein neues Zuhause gefunden ... Und es sind nicht nur die Hunde und Katzen, die bei uns Menschen leben!

Eine Invasion auf Flügeln

Die Tauben haben sich derart gut in den Städten eingelebt, dass sie inzwischen eine Bedrohung für die historischen Gebäude in Venedig, Köln oder anderswo geworden sind: Ihr Kot verschmutzt nicht nur die Mauern, er löst sie regelrecht auf! Einige Städte haben inzwischen verboten, die Tauben zu füttern, und verteilen Getreidekörner mit einem Mittel, das die Tauben unfruchtbar macht.

Grünflächen

In den Gärten, Parks und entlang der Straßen wurden die Bäume und Hecken von den Menschen gepflanzt. So recken sich in südeuropäischen Städten Palmen in den Himmel und auch die gelben Blüten der Mimose, die eigentlich in Australien beheimatet ist, genießen unsere heimische Sonne. Die weniger kälteempfindliche Kastanie stammt ursprünglich aus Griechenland und der Türkei. Im Gegensatz zur Esskastanie schmeckt die Rosskastanie, die ihr sehr ähnelt, ungemein bitter. In unmittelbarer Nachbarschaft zum Ahorn wächst in vielen Städten die Platane, die es heute allerdings nicht mehr in ihrer Wildform gibt: Der Mensch hat durch Kreuzungen eine europäische

In Florida gehören die Palmen zum Straßenbild, ebenso wie in Nizza, wo auch die Mimose wächst.

In den gemäßigten Regionen haben Platanen-, Ahorn- und Kastanienbäume eine neue Heimat gefunden.

Die große Anpassung

Dieser Überfluss erklärt auch die Kolonisierung der Städte durch die Felsentaube. Dieser Nachfahre der Haustaube, die wegen ihres Fleisches und als Bote gezüchtet wurde, muss heute das reiche Nahrungsangebot mit der Ringeltaube und der Türkentaube teilen.

In der Stadt haben sie außer Katzen und Hunden kaum noch Feinde. Diese sind, eventuell zusammen mit den Fallen, wohl auch die einzige Bedrohung für die Mäuse und Wanderratten, die sich in den warmen Dachböden und U-Bahn-Schächten eingerichtet haben.

Ein Dschungel aus Beton

und eine amerikanische Variante geschaffen. Sehr viel undisziplinierter sind da schon der Löwenzahn und das Farnkraut sowie der aus Japan als Zierpflanze eingeführte Sommerflieder: Sie wachsen auf unbebauten Land und sprießen aus den kleinsten Asphaltritzen hervor. Der Efeu hangelt sich mit seinen Haftwurzeln an den Hauswänden empor. Auch die Schmetterlinge scheinen ihr Glück in diesen Pflanzen zu finden: Zahlreiche Arten vermehren sich in der Stadt.

Vögel in der Stadt

Auch die Schwäne wurden vom Menschen in der Stadt angesiedelt. Sie teilen mit den Enten die Wasserflächen und ernähren sich wie diese von den Würmern, die sie aus dem Schlick ziehen ... aber auch vom Brot, das ihnen die Menschen zuwerfen. Die lärmenden Stare haben die Wälder verlassen, um sich in Kolonien in den Bäumen der Städte niederzulassen. Die Spatzen nisten ganz besonders gerne in den Dachrinnen. Sommergäste wie die Schwalben und die Mauersegler befestigen ihre Nester aus getrocknetem Schlamm an Gebäudefassaden. Viele Vögel finden ihre Nahrung direkt in der Stadt: Es gibt reichlich Essensabfälle!

ERNÄHRUNG

Vor mehr als 10 000 Jahren begann der Mensch, das Land zu bebauen und Tiere zu halten. Seither hat sich unsere Ernährung sehr verändert. Aber sie ist immer noch ein Produkt der Natur, was wir nur allzu gerne vergessen. So sind Pommes frites nichts anderes als geschnittene Kartoffeln, die zuvor in der Erde wuchsen. Und auch die Fischstäbchen stammen von Fischen, die im Meer schwammen, bevor sie auf unseren Tellern landeten!

Zuerst begnügten sich die Menschen mit dem Fleisch toter Tiere, die sie fanden. Dann lernten sie zu jagen. Anfangs warfen unsere Vorfahren mit Steinen nach den Tieren, später stellten sie Fallen auf. Je besser ihre Techniken wurden, desto häufiger hatten sie frisches Fleisch, was in nicht unerheblichem Maße zur Entwicklung des Menschen beitrug.

Jäger und Sammler

Auch heute noch gibt es Völker, die keinen Landbau betreiben, wie etwa die Pygmäen in Zentralafrika, die Buschmänner in Südafrika und die Aborigines in Australien. In den Wäldern entlang des Äquators jagen die Pygmäen Wild, sammeln Raupen und Termiten oder fangen Fische. Auf diese Weise erhalten sie die für ihre Muskelentwicklung notwendigen Eiweiße. Beeren, Wurzeln und Knollen vervollständigen den Speiseplan. Die Männer klettern auf die Bäume, um an den Honig der Bienen zu kommen. Aber sie respektieren die Natur, die sie ernährt,

und nehmen deshalb immer nur so viel, wie sie zum Leben brauchen.

Die Landwirtschaft

In den reichen Ländern wird die Landwirtschaft industriell betrieben. Aber weltweit bebauen die meisten Bauern immer noch selbst das Land, um ihre Familien zu ernähren.

Obst und Gemüse

Wurzeln und Knollen wie die Kartoffel oder die Jamswurzel spielen zusammen mit den Hülsenfrüchten (Bohnen, Erbsen, Linsen) eine bedeutende Rolle, weil sie sehr nahrhaft sind. Sonnenblumen, Raps,

Die Natur gibt uns unsere Nahrung

Olivenbäume und Ölpalmen liefern das Öl, Zuckerrüben und Zuckerrohr den Zucker. Kohl, Kürbisse, Tomaten, Zwiebeln, Äpfel, Bananen oder Mangofrüchte enthalten Ballaststoffe sowie Vitamine. Weintrauben werden vor allem zur Herstellung von Wein angebaut.

Die wichtigsten Pflanzen

Es sind ca. 500 000 Wildpflanzen bekannt, aber nur etwa 80 Kulturpflanzen machen den Löwenanteil der Welternte aus. Die Menschen ernähren sich von acht verschiedenen Getreidearten: Weizen, der in den gemäßigten Zonen angebaut wird, Reis, das Grundnahrungsmittel in Asien, sowie Mais, der aus Südamerika stammt. Hinzu kommen noch Gerste, Roggen, Hafer sowie Hirse und Sorghumhirse, die hauptsächlich in Afrika angebaut werden.

Tiere als Nahrungslieferanten

Vom Schwein können alle Teile gegessen werden. Schweinefleisch wird vor allem in Europa und China gegessen, ist aber bei den Juden und Moslems aus religiösen Gründen verboten. In einigen Gebieten Afrikas verzichtet man auf Hühnerfleisch, selbst wenn dort Hühnereier gegessen werden. Rinder, die sehr viel Grünfutter brauchen, werden vor allem in den reichen Ländern wegen ihres Fleisches und ihrer Milch gehalten. Anderswo liefern Schafe und Ziegen dieselben Produkte.

Proteine aus dem Meer

In vielen Ländern kann wegen fehlender Nutzflächen kein Vieh gehalten werden. Dort ersetzen Fische und andere Meerestiere das Fleisch. Auch Süßwasserfische sind Proteinlieferanten, aber sie werden kaum gewerbsmäßig gefischt.

Fischzucht

Schon vor 4000 Jahren züchteten die Ägypter Fische in Teichen. Die Zucht von Fischen in Süß- oder Salzwasser sowie von Krustentieren und Muscheln wird immer weiter ausgebaut, um den Bedarf des Menschen zu decken, ohne die Natur auszubeuten. In Frankreich und Japan werden auch Algen gezüchtet.

DIE RESSOURCEN

HOLZ UND FASERN

Der erste Unterschlupf der prähistorischen Menschen waren Hütten aus Ästen und Zweigen. Ihre Kleider fertigten sie aus Häuten und Pelzen, die dem Körper nach der Erfindung der Nadel vor 20 000 Jahren besser angepasst werden konnten. Als Faden benutzten sie Pflanzenfasern. Heute werden in der Industrie auch künstliche Materialien hergestellt, aber Holz und Naturfasern werden weiterhin verwendet.

Die ersten Bauern, die den Flachs auf ihren Feldern und die Wolle der Schafe und Ziegen benutzten, erfanden das Weben. In dieser Zeit änderte sich auch der Wohnraum der Menschen. Anstelle der Holzhütten wurden nun Häuser aus Stein oder Erde gebaut.

Das Holz

Holz ist nach wie vor das am meisten genutzte Baumaterial der Welt. In sehr waldreichen Ländern wohnen die Menschen auch heute noch oft in Holzhäusern. Ob Chalet in den Bergen oder modernes Haus – es gibt alle denkbaren Arten. Dabei werden alle Sorten Hartholz benutzt, Kiefer der Wälder im Norden ebenso wie Teakholz aus den Tropen.

In allen Formen

Das gesägte, geschnittene und gegen Parasiten und Insekten geschützte Holz wird als Balken, Dachstuhl oder Wand eingesetzt. Holz liegt auf dem Boden als Parkett, dient zur Herstellung von Möbeln, Türen, Fenstern und Spielzeug. Es wird als Massivholz, Sperrholzbrett oder zerkleinert und gepresst als Spanplatte verwendet.

Andere Pflanzenfasern

Möbel können auch aus Rattan hergestellt werden. Dies ist eine Kletterpalme, die in den Tropen- und Äquatorialwäldern Afrikas und Asiens wächst. Im Süden des Irak bauen die Menschen traditionell ihre Häuser aus Schilf. In Europa benutzen die Flechter vor allem die Korbweide, eine besondere Weidenart, um leichte Möbel und Körbe herzustellen. Sie werden lackiert und mit Harz, dem Saft der Nadelhölzer, geklebt. Holzfasern werden auch bei der Papierherstellung benutzt, das immer häufiger als Verpackungsmaterial in Form von Pappe wiederverwendet wird.

Natürliches Wohnen und Kleiden

Textilfasern

Zahlreiche Kleider bestehen heute aus synthetischen Fasern, die aus der chemischen Umwandlung eines Rohstoffes entstehen. Viskose etwa wird aus einem Holzbrei gewonnen, aber die natürlichen Fasern bleiben dabei erhalten.

Stoffe aus Pflanzen

Baumwolle ist die am meisten genutzte Textilfaser der Welt. Sie wird aus den weißen, flaumigen Haaren gewonnen, die den Samen der Baumwollpflanze umgeben. Diese wurde bereits vor 5000 Jahren von Menschen angepflanzt. Bis zum 19. Jahrhundert war der Flachs die wichtigste Pflanze für die Textilherstellung.

Die Seide

Seidenfäden werden von der Raupe eines Schmetterlings, dem Seidenspinner, erzeugt. Nachdem sich die Raupe von den Blättern des Maulbeerbaums ernährt hat, verpuppt sie sich in einem Kokon. Wenn dieser in kochendes Wasser eingetaucht und abgehaspelt wird, liefert er zwischen 800 und 1700 m Seidenfäden.

Schafwolle oder Kamelhaar?

Wolle muss zunächst gekämmt werden. Dabei werden alle Verschmutzungen und die Haare entfernt. Danach werden die Fasern aus dem Spinnrocken gezogen und mit einer Spindel gedreht und aufgewickelt. Am häufigsten wird Schafwolle benutzt, aber man verarbeitet auch die seidigen Haare des Kaninchens oder der Angoraziege sowie die Wolle des Alpakas. Daraus werden dann dicke Pullover und schöne Kleider, Teppiche und Decken hergestellt, die auch aus dem etwas raueren Kamelhaar sein können.

Pflanzliches Elfenbein

Die Elefanten wurden lange wegen des Elfenbeins ihrer Stoßzähne getötet, das zur Verzierung von Möbeln oder als Schmuck benutzt wurde. Im Amazonasgebiet wächst die Elfenbeinpalme, deren Nüsse dieselben Eigenschaften haben wie das Elfenbein.

HEILKRÄFTE DER NATUR

Im Mittelalter wurden Heilpflanzen als »einfache« Pflanzen bezeichnet. Die Wirkungsweisen, mit denen Pflanzen Krankheiten heilen können, sind dagegen alles andere als einfach. In den pharmazeutischen Labors wird die natürliche Substanz, mit der eine Pflanze im Körper des Menschen wirkt, oft erst nach unzähligen Studien und Versuchen ermittelt.

Die Natur als Apotheke

7 von 10 Medikamenten werden aus Pflanzen, Tieren oder Mikroorganismen hergestellt. Und zweifellos bietet die Natur noch zahlreiche, bisher unentdeckte Heilmittel. Die tropischen Wälder sind neben den Meeren die reichhaltigsten Schatzkammern solcher Mittel. Sie zu zerstören, hieße die natürlichen Apotheken vernichten.

Traditionelle Heilmittel

Die einfachste Art, die Heilkräfte der Pflanze zu nutzen, ist die Trocknung der Blätter, Blüten oder Früchte, die dann mit Wasser aufgegossen werden. In Europa werden traditionellerweise Tees aus Lindenblüten und Eisenkraut getrunken, um besser einschlafen zu können. Inzwischen ist nachgewiesen, dass der regelmäßige Genuss von grünem Tee die Abwehrkräfte gegen Krebs stärkt. Zur Bekämpfung von Müdigkeit und Höhenkrankheit kauen die Indios in den Anden schon seit ewigen Zeiten Kokablätter. Sind sie wirklich krank, gehen sie zum Modizinmann, der ihnen eine genau auf ihre Krankheit zugeschnittene Pflanzenmischung verordnet. Überall in der Welt hat die traditionelle Medizin wertvolles Wissen über die Pflanzen gesammelt, für das sich die Wissenschaftler der westlichen Länder immer stärker interessieren. Sie machen sich auf den Weg in den Regenwald, um das Wissen der Schamanen im Amazonasgebiet oder der Medizinmänner der Pygmäen zu erforschen. Sie hoffen, ihr Wissen für die Entwicklung neuer Medikamente nutzen zu können.

Wehwehchen und schwere Krankheiten

Auch in unseren Apotheken werden viele Heilmittel bereits seit Jahrhunderten benutzt: Arnika als Salbe oder homöopathische Kügelchen kennen alle Müller, weil Arnikablüten bei Beulen und blauen Flecken rasch helfen. Die Herbstzeitlose wird gegen Rheuma und zur besseren Blasenentleerung eingesetzt.

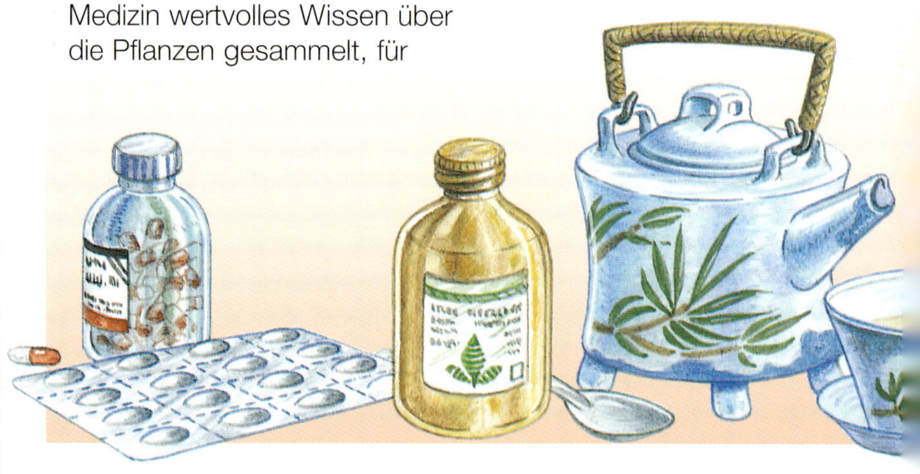

Medikamente von gestern und morgen

Der australische Eukalyptusbaum liefert das Öl, das als Salbe aufgetragen die Atemwege befreit. Essenzen mit getrockneten Gänseblümchen erleichtern den Husten. Die pharmazeutische Industrie produziert Pulver oder Tabletten aus den natürlichen Substanzen oder stellt sie nach dem Vorbild der Natur auf chemischen Wege her. So gewinnt sie etwa aus der Weide Aspirin gegen Kopfschmerzen und Entzündungen, aus der Eibe Taxol, das zur Krebsbekämpfung eingesetzt wird. Das dem Mohn entnommene Morphium ist ein wirksames Schmerzmittel.

Medizin aus dem Meer

Die Wissenschaftler erforschen auch die Meere in der Hoffnung, in den Organismen auf dem Meeresgrund heilende Wirkstoffe zu finden. Denn je weniger sich ein Lebewesen bewegen kann, desto intensivere Verteidigungsmittel muss es entwickeln. In der Gattung der Kegelschnecken gibt es eine Art, die ein so wirksames Gift enthält, dass sie damit in wenigen Sekunden einen Fisch lähmt. Durch Isolierung der einzelnen Komponenten konnte daraus ein Schmerzmittel hergestellt werden, das 1000-mal wirksamer ist als Morphium. Ähnlich konnte bei der in 500 m Tiefe lebenden Seelilie, einer Verwandten des Seeigels, ein Mittel gegen das Denguefieber gefunden werden. Diese tropische Krankheit wird von einer Stechmücke übertragen und löst jährlich bei 50 Millionen Menschen sehr hohes Fieber aus, das nicht selten tödlich endet. Noch erprobt wird zur Zeit die Wirkung des Axinella-Schwamms, der ein neues Mittel bei der Krebsbekämpfung liefern könnte.

Haustiere – die besten Freunde des Menschen

Viele Menschen schenken ihren Haustieren echte Liebe und teilen Freud und Leid mit ihnen. Umgekehrt unterstützen die Tiere sie durch ihre Zuneigung bei der Heilung von Leiden und Krankheiten. Allein lebenden Personen helfen sie gegen das Gefühl der Einsamkeit. Hunden gelingt es, zu autistischen Kindern, die nicht mit anderen Menschen kommunizieren können, eine Beziehung herzustellen. In Israel hilft man solchen Kindern, indem man sie mit Delfinen schwimmen und spielen lässt.

STEINE UND MINERALIEN

In der Erdkruste gibt es Gesteinsarten, nach denen die Menschen schon seit Jahrtausenden graben. In erster Linie sind dies durchscheinende und farbige Kristalle, so genannte Edelsteine, die in der Natur nur sehr selten vorkommen. Aus Diamanten und Saphiren wird vor allem teurer Schmuck hergestellt. Andere Mineralien werden in den Bergen und unterirdisch abgebaut, weil sie Metalle enthalten.

Der Goldrausch

Schon in prähistorischen Zeiten war für den Menschen das Gold besonders wertvoll. Der Besitz von Goldschmuck war ein Privileg der Herrscher. Die Fahrten des Christoph Kolumbus im 15. Jahrhundert wurden nicht zuletzt wegen der Suche nach Gold unternommen. Als im 19. Jahrhundert in Alaska und Kalifornien Gold gefunden wurde, löste dies den Zustrom tausender Abenteurer aus.

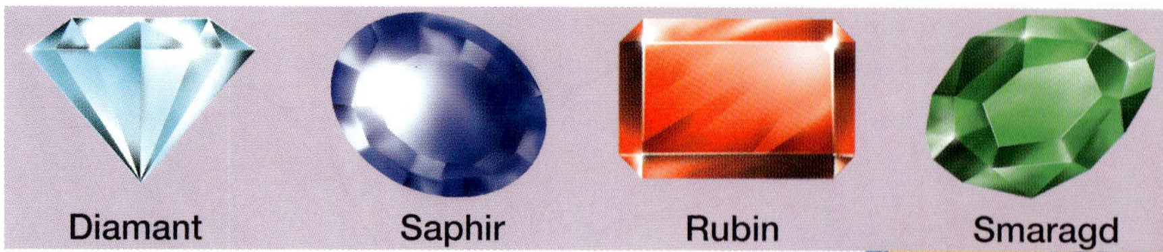

Die Edelsteine

Der Diamant aus reinem Kohlenstoff ist das härteste Mineral der Welt. Er wird zum Zuschneiden von dickem Glas benutzt. Als Material für die Schmuckherstellung ist vor allem der farblose Diamant gefragt, der aber auch in verschiedenen Farbschimmern vorkommt. Diamanten sind in Kimberlit, einem Gestein, in bestimmten vulkanischen Eruptionsschloten zu finden. Südafrika ist der größte Diamantenproduzent der Welt. Rubine und Saphire stammen aus dem gleichen farblosen Mineral, dem Korund. Der Rubin erhält seine rote Farbe durch Spuren des Metalls Chrom. Der Saphir wird durch Eisen und Titan blau, gelb oder grün gefärbt. Die schönsten Saphire sind in Myanmar (Birma), Indien und in Thailand zu finden. Bereits die Inka suchten nach Smaragden, jenen Kristallen, die eine grüne Variante des Berylls sind. Ihre Minen in Muzo und Chivor in Kolumbien sind noch immer in Betrieb.

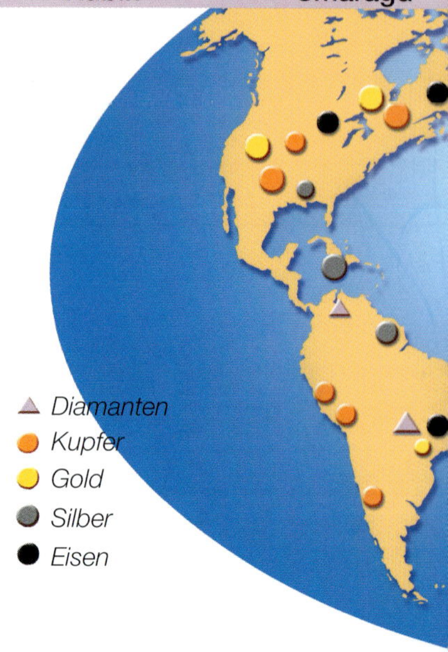

Die Edelmetalle

Gold kommt entweder als Klumpen in Kiesschichten oder

Juwelen in Schmuckkästchen aus Stein

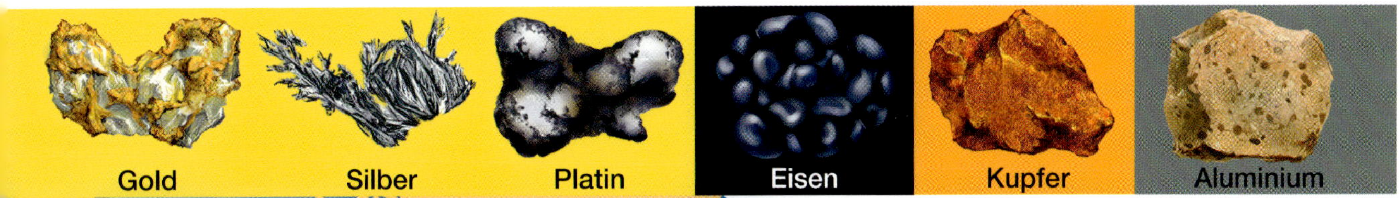

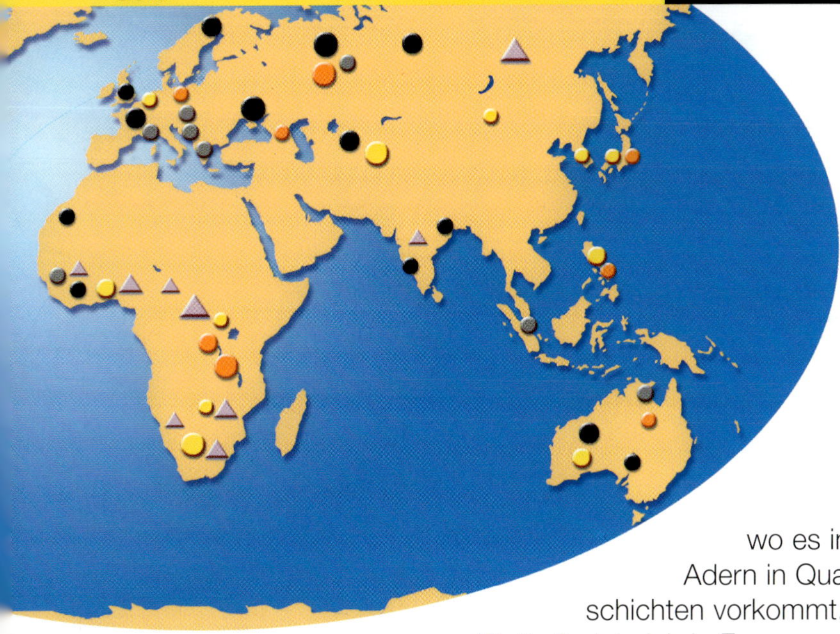

als Sand auf dem Grund von Gewässern vor. Die Goldwäscher sieben und waschen diesen Goldsand aus, um die kleinen Goldpartikel zu isolieren. Aber dieses Edelmetall wird auch in unterirdischen Minen abgebaut, wo es in Adern in Quarzschichten vorkommt. Platin findet sich in Form von Körnern in Nickel- oder Goldminen. Silber dagegen wird häufig in Kupferminen gefördert. Das oft in Barrenform gegossene Gold wird wie Platin und Silber in der Schmuck- und Computerherstellung benutzt.

Allzweckmetalle

Nahezu die Hälfte der Erdkruste besteht aus Eisen. Dieses formbare, aber sehr robuste graue Metall wird als Stahl und Gusseisen am häufigsten in der Industrie genutzt. Um das Eisen aus dem Erz zu lösen, zerkleinert man zunächst das eisenhaltige Gestein und lässt das Metall anschließend in Hochöfen bei sehr hohen Temperaturen schmelzen. Kupfer, das insbesondere in Chile abgebaut wird, leitet den Strom sehr gut. Man benutzt es daher für die Herstellung von Kabeln. Aluminium ist aus unserem Alltag – von Küchenutensilien bis zu Autoteilen – nicht mehr wegzudenken. Es kommt in Bauxit, einem roten Mineral, vor.

Kupfermine im Tagebau

FOSSILE ENERGIEN

Kohle, Erdöl und Erdgas werden als fossile Energiequellen bezeichnet, weil alle drei Energieträger aus Kohlenwasserstoff bei der Umwandlung von abgestorbenen Tieren und Pflanzen entstanden sind, die vor vielen Millionen Jahren im Boden versanken. Mit der Förderung und Nutzung dieser Brennstoffe im großen Stil begann im 19. Jahrhundert das Industriezeitalter. Die fossilen Brennstoffe liefern auch heute noch 93 % der weltweit verbrauchten Energie.

Erdölfeld in der Wüste

Erdöl und Erdgas

Erdöl und Erdgas sind in schwammartigen Gesteinsschichten eingelagert und sind aus der Zersetzung von tierischem und pflanzlichem Plankton am Meeresgrund entstanden. Sie werden heute vor allem im Meeresboden und in Wüstengebieten gefunden, die einst unter Wasser standen, wie in Saudi-Arabien, dem weltweit bedeutendsten Erdölproduzenten. Um solche Vorkommen unter Wasser zu erschließen, werden über den Quellen große Plattformen gebaut. Die Besatzungen dieser Plattformen verbringen jeweils mehrere Wochen auf hoher See. Die Ölindustrie bohrt immer tiefer gelegene Quellen unter dem Wasser an: Im Golf von Mexiko fördert sie ein Vorkommen in 1709 m Tiefe.

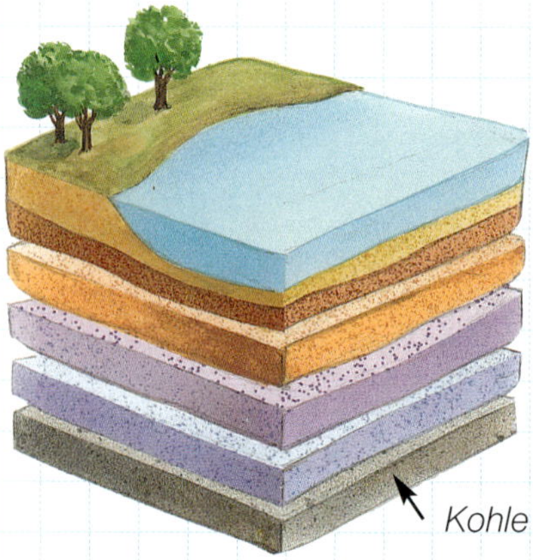

Kohleschichten bildeten sich dort, wo Wälder auf sumpfigen Böden wuchsen. Je tiefer abgestorbene Bäume im feuchten Boden einsanken, umso mehr wurden sie zusammengedrückt und das Wasser hinausgepresst. Unter dem Einfluss der Erdwärme verwandelten sie sich nach und nach in Kohle.

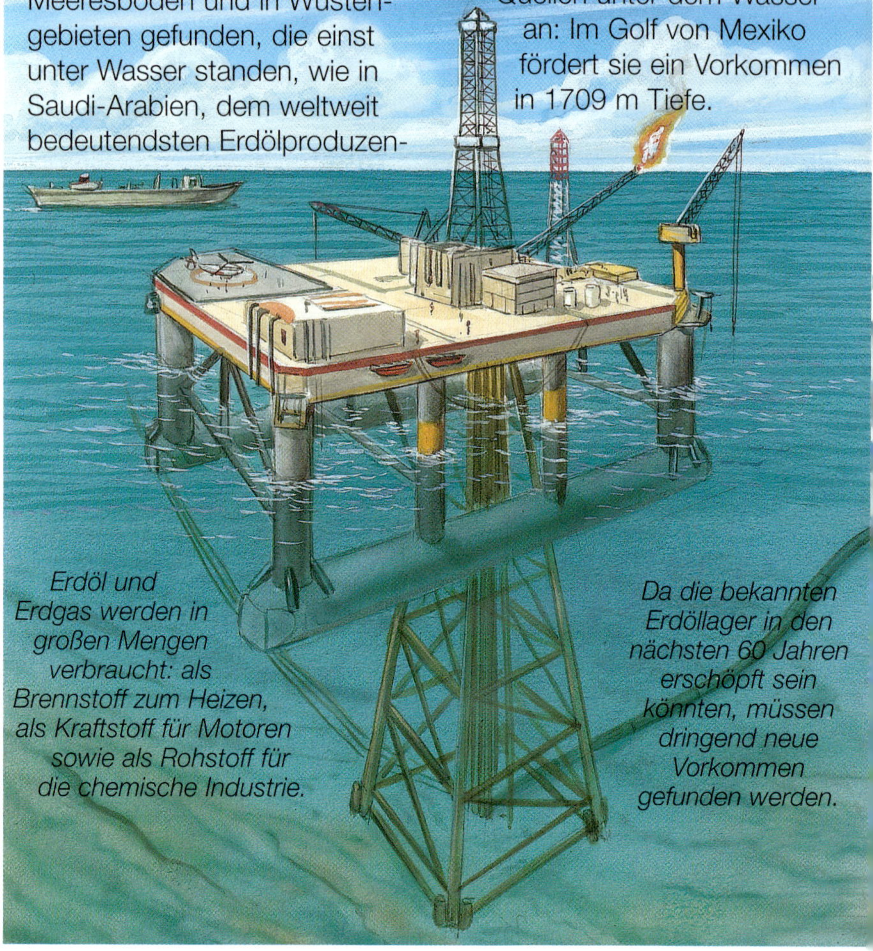

Erdöl und Erdgas werden in großen Mengen verbraucht: als Brennstoff zum Heizen, als Kraftstoff für Motoren sowie als Rohstoff für die chemische Industrie.

Da die bekannten Erdöllager in den nächsten 60 Jahren erschöpft sein könnten, müssen dringend neue Vorkommen gefunden werden.

Prähistorische Brennstoffe

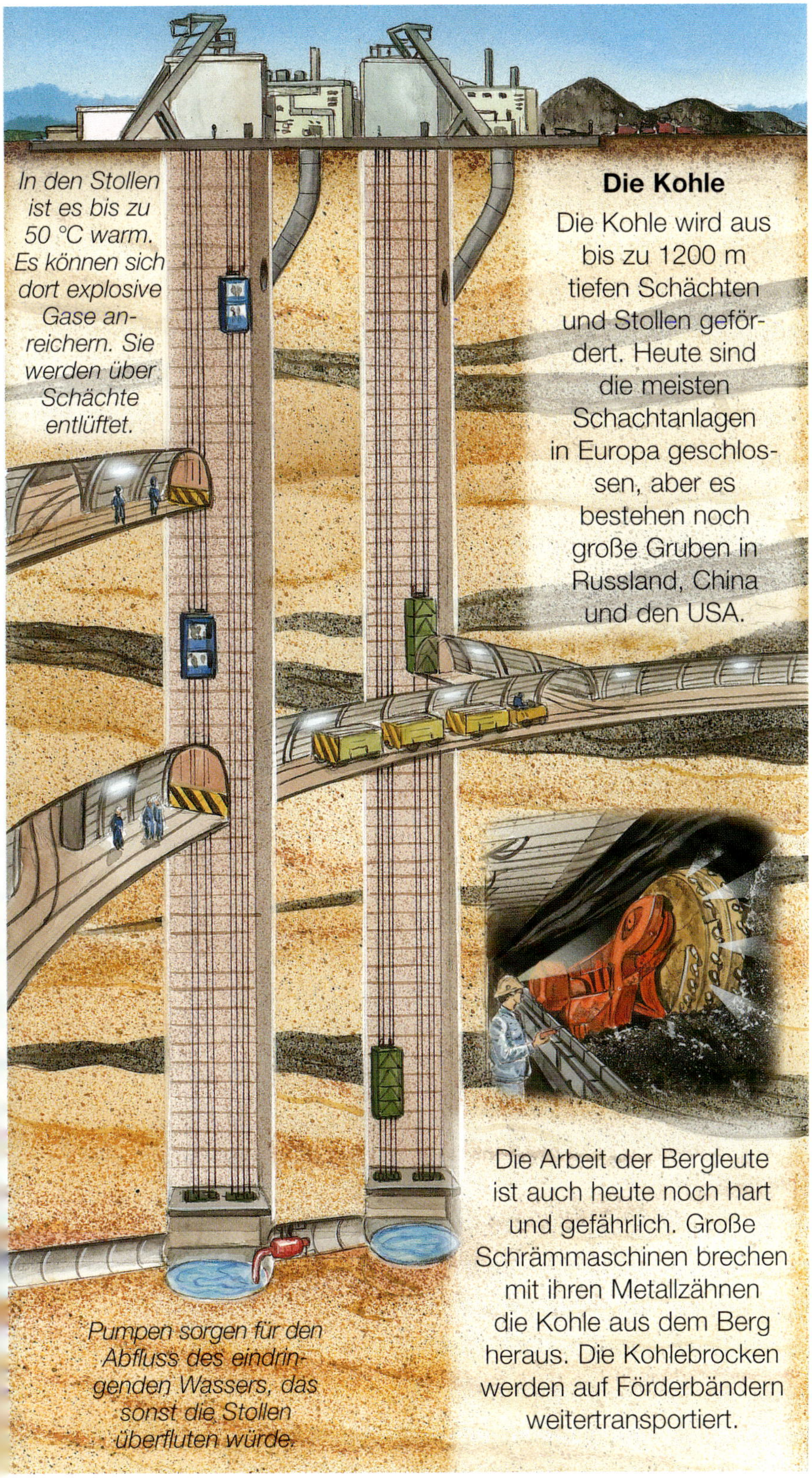

In den Stollen ist es bis zu 50 °C warm. Es können sich dort explosive Gase anreichern. Sie werden über Schächte entlüftet.

Die Kohle

Die Kohle wird aus bis zu 1200 m tiefen Schächten und Stollen gefördert. Heute sind die meisten Schachtanlagen in Europa geschlossen, aber es bestehen noch große Gruben in Russland, China und den USA.

Die Arbeit der Bergleute ist auch heute noch hart und gefährlich. Große Schrämmaschinen brechen mit ihren Metallzähnen die Kohle aus dem Berg heraus. Die Kohlebrocken werden auf Förderbändern weitertransportiert.

Pumpen sorgen für den Abfluss des eindringenden Wassers, das sonst die Stollen überfluten würde.

Die Atomkraft

In den Wärmekraftwerken werden Kohle, Erdöl oder Erdgas verbrannt, um aus der erzeugten Hitze Elektrizität zu gewinnen. In den Atomkraftwerken werden Uran und Plutonium gespalten. Diese beiden Metalle werden unterirdisch abgebaut. Mit der Kernschmelze der Atome von 1 Kilogramm Uran wird genauso viel Elektrizität erzeugt wie mit 2500 Tonnen Kohle.

Mittels der 1939 entdeckten Kernspaltung werden 13 % des gesamten in Deutschland verbrauchten Stroms erzeugt. Aber sie stellt hohe Sicherheitsanforderungen an die Atomkraftwerke, da die atomaren Brennelemente gefährliche Strahlen freisetzen. Diese so genannte Radioaktivität dauert über tausende von Jahren an und stellt ein ernstes Problem für die Lagerung der Abfälle aus der Kernspaltung dar.

ERNEUERBARE ENERGIEN

Die Menschen benötigen immer mehr Energie. Heute wird etwa dreimal so viel Energie wie noch vor 20 Jahren verbraucht. Durch den exzessiven Einsatz fossiler Brennstoffe wird die Luft verschmutzt, während durch die Atomenergie der radioaktive Abfall immer weiter zunimmt. Die Natur stellt uns aber auch saubere und erneuerbare Energien zur Verfügung. Diese Energien werden derzeit erst in geringem Umfang genutzt.

Vor etwa 500 000 Jahren entdeckte der Mensch, wie man Feuer macht. Nun verfügte er über eine unbegrenzte Energiequelle, um sich zu wärmen, Licht zu machen, Nahrung zu kochen oder auch Töpferware herzustellen. Aber das Feuer konnte nicht zum Antrieb benutzt werden – im Gegensatz zum Wasser, das die Wassermühlen bewegt, oder auch zum Wind, der die Windmühlen antreibt.

SONNENENERGIE

Sonnenenergie steht für noch mindestens 5 Milliarden Jahre zur Verfügung und ist überall vorhanden. In den Solaröfen wird Sonnenlicht von riesigen Spiegeln eingefangen. Dadurch entsteht sehr starke Hitze (bis zu 4000 °C), die Wasserdampf und dann Strom erzeugt.

Mit Fotozellen ausgestattete Solarelemente wandeln Sonnenlicht in Elektrizität um, mit der etwa abgelegene Häuser, künstliche Satelliten oder auch Taschenrechner versorgt werden. Die reichlich vorhandene Sonnenenergie wird jedoch industriell kaum genutzt, da die Kosten zu hoch sind.

WASSERKRAFT

Die Kraft des fließenden Wassers war lange Zeit die wichtigste Energiequelle. Mit dieser hydraulischen Energie wurden die Räder von Wassermühlen angetrieben. Die Bewegung des Rades übertrug sich dabei auf einen Mühlstein.

Dampfmaschinen, die die Wasserkraft in Gasform nutzten, ersetzten die Räder der Mühle. Die Erfindung der Turbine, die vom Wasser angetrieben wird, hat die hydraulische Energie wieder ins Spiel gebracht. Dieses Prinzip wird in Staudämmen angewandt, wo das Wasser auf die Turbinen stürzt, die dadurch Elektrizität erzeugen.

Unerschöpfliche Quellen der Natur

WINDENERGIE

Windenergieanlagen sind die Windmühlen von heute. Ein Motor dreht ihre mächtigen Rotorblätter automatisch in den Wind. Diese Rotorblätter übertragen dann die Windenergie zu den Stromgeneratoren.

In der kalifornischen Wüste und in der Nordsee produzieren Windräder erhebliche Mengen an elektrischem Strom. Einzelne Windräder versorgen Häuser, die nicht an das allgemeine Stromnetz angeschlossen werden können. Aber weltweit dienen die meisten Windräder dazu, unterirdisches Wasser auf ausgedörrte Flächen hochzupumpen.

ERDWÄRME

Schon in der Antike fingen die Römer das unterirdische warme Wasser auf, um damit ihre Thermen zu heizen. Heute wird die Erdwärme, die alle 30 bis 40 m durchschnittlich um 1 °C ansteigt, für die Stromerzeugung in Kraftwerken genutzt.

In diesem Fall treibt Wasserdampf, der von unterirdischen Wasseradern mit mehr als 150 °C stammt, die Turbinen an. Auch Wasser aus weniger tiefen und weniger heißen Adern kann unmittelbar zum Heizen genutzt werden. Auf Island werden auf diese Weise 7 von 10 Wohnhäusern sowie landwirtschaftliche Treibhäuser geheizt.

HOLZ

Auch Holz ist eine erneuerbare Energie, sofern genauso viele Bäume angepflanzt wie abgeholzt werden. Beim Verbrennen des Holzes wird die Luft verschmutzt. In reichen Ländern wurden in der Industrie und in Privathaushalten abgasreduzierte Heizanlagen installiert.

BIOGAS

Heutzutage werden Biobrennstoffe auf der Basis von Sonnenblumen, Zuckerrohr oder Raps erzeugt, die gegenüber dem aus dem Erdöl hergestellten Benzin große Vorteile haben. Sie verschmutzen die Luft nicht und der Rohstoff kann jedes Jahr wieder nachwachsen!

DER NATURSCHUTZ
DIE NAHRUNGSKETTE

Untersucht man das Leben im Wald oder in der Wüste, so kann man sehr genau beobachten, wie die Pflanzen und Tiere sich an ihre natürliche Umgebung angepasst haben: Ein Bär z.B. könnte in der Wüste nicht überleben. Die Wüste und ihre Bewohner bilden ein Ökosystem, der Wald und seine Untermieter ein anderes. Innerhalb eines Ökosystems sind die lebenden Organismen voneinander abhängig. Jeder für sich allein ist ein Teil der Nahrungskette. Dies trägt zum Gleichgewicht des Ökosystems bei.

Die Eidechse und der Kaktus

In der Wüste Nordbrasiliens lebt eine Eidechse, die sich nur von der Frucht einer einzigen Kaktusart ernährt. Ohne diesen Kaktus könnte das Tier nicht überleben. Die Samen des Kaktus keimen nur, nachdem sie von der Eidechse verdaut wurden. Sollte diese Eidechsenart aussterben, könnte der Kaktus sich nicht mehr vermehren.

Fressen und gefressen werden

Diesem Naturgesetz entkommt nicht einmal der Mensch: Wir essen, um zu leben. Alle Lebewesen befinden sich in einem natürlichen Kreislauf, von dem wir hier einige Beispiele vorstellen wollen. In einer Nahrungskette bedeutet der Pfeil „wird gefressen von". Er führt von den Pflanzen an der Basis aller Nahrungsketten bis zu den Fleischfressern, die sich vom Fleisch anderer Tiere ernähren. Man könnte die Nahrungskette auch als Pyramide darstellen, weil es eine Hierarchie zwischen den Beutetieren gibt, die grasen oder ihre Nahrung sammeln, und den Jägern, die töten, um sich zu ernähren.

Die Blätter der Buche, dem ersten Glied in der Kette, werden von den Raupen gefressen.

Das Zebra ist ein Pflanzenfresser. Es weidet auf den Grasflächen der Savanne, die in dem Maße von unten nachwachsen, wie sie abgeweidet werden.

Die Nahrungskette im Meer

Das pflanzliche Plankton ① ist das erste Glied in der Nahrungskette. Es besteht aus mikroskopisch kleinen Algen. Von ihm ernähren sich die Fischlarven und der Krill sowie die Quallen. Diese Kleinstlebewesen bilden das tierische Plankton ②. Von ihm ernähren sich die Garnelen ③ und die erwachsenen Krustentiere, aber auch die Bartenwale, die ihre Nahrung aus dem Wasser filtern. Von diesen Krustentieren leben kleine Fische ④, die von den Delfinen und den Buckelwalen ⑤ sowie den Haien ⑥ gefressen werden, die selbst keine Feinde haben.

①

②

Einer hängt von dem anderen ab!

Die Raupen wiederum werden vom Huhn aufgepickt, einem Allesfresser, der sich sowohl von Insekten als auch von Körnern ernährt.

Das Huhn wird vom Fuchs gefressen, einem Fleischfresser und Jäger. Weil er manchmal in die Hühnerställe einbricht, sehen die Bauern in ihm einen Schädling.

Das Zebra wird vom Löwen gejagt, der selbst keine natürlichen Feinde hat.

Der Geier ist ein Fleischfresser wie der Löwe, aber er ist ein reiner Aasfresser: Er ernährt sich von den Resten toter Tiere.

Die Wiederverwerter

Würmer und Asseln, Bakterien und Pilze ernähren sich von toten Pflanzen, Tierkadavern und auch von Exkrementen. Sie produzieren Humus, jene fruchtbare Bodenschicht, in der die Pflanzen gedeihen können.

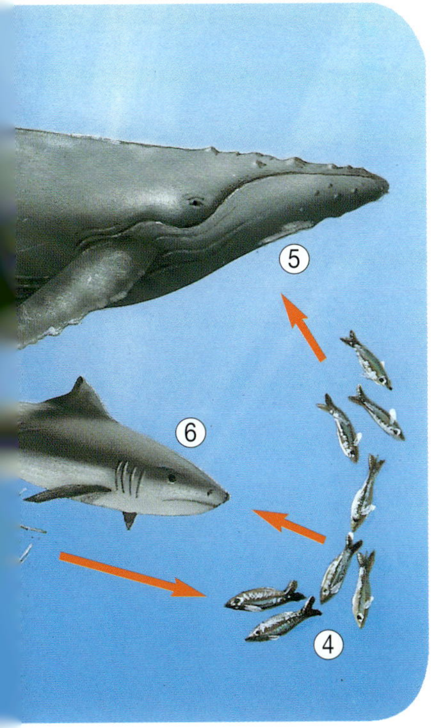

Ein fehlendes Glied in der Kette

Sobald ein Glied in der Nahrungskette fehlt, ist das Gleichgewicht des Ökosystems gestört. Würde es in der Savanne keine Löwen mehr geben, würden sich ihre Beutetiere zu sehr vermehren. Zebras und Gazellen wären so zahlreich, dass sie das ganze Gras abweiden würden. Das Gleichgewicht wäre erst wiederhergestellt, wenn der Hunger die Tiere getötet hätte, dann aber bestünde die Gefahr, dass die Savanne zur Wüste würde. In unseren gemäßigten Wäldern hat das Aussterben des Wolfes zu einer gefährlichen Vermehrung der Wildschweine und des Rotwilds geführt, welche die jungen Triebe der Pflanzen fressen.

BEDROHTE TIERARTEN

Die Wissenschaftler haben ca. 1,7 Millionen lebende Tierarten auf unserem Planeten ausgemacht, aber sie schätzen, dass es 10- oder 50-mal mehr sein können. Viele sterben aus, bevor sie überhaupt entdeckt werden. Denn der Mensch schränkt nicht nur den natürlichen Lebensraum der Tiere ein, sondern stört auch immer mehr das Gleichgewicht der Natur. Heute ist eine von vier Säugetierarten in naher Zukunft vom Aussterben bedroht!

Ein sechstes Massensterben?

Vor 65 Millionen Jahren wurden die Dinosaurier Opfer des fünften Massensterbens auf der Erde. Jedes Mal starben dabei aus natürlichen Gründen drei von vier lebenden Arten aus. Die Fachleute befürchten ein sechstes Massensterben, das jedoch vom Menschen ausgelöst würde.

In den Meeren wie an Land

Der Blauwal ① ist das Symbol menschlicher Exzesse. Er wurde genauso wie viele andere Walarten wegen seines Fleisches und seines Fettes, das von der Industrie für kosmetische Produkte verwandt wird, gnadenlos gejagt. Zwar sind die Wale heute geschützt, aber sie werden immer noch von den Walfangnationen Japan und Norwegen gejagt. Der Stör ②, der den Kaviar liefert, ist ein Opfer der Überfischung und Umweltverschmutzung im Kaspischen Meer. Die Mittelmeer-Mönchsrobbe ③ und der Sägefisch ④ sind aufgrund der Verschmutzung und der Fangnetze im Mittelmeer praktisch ausgestorben.

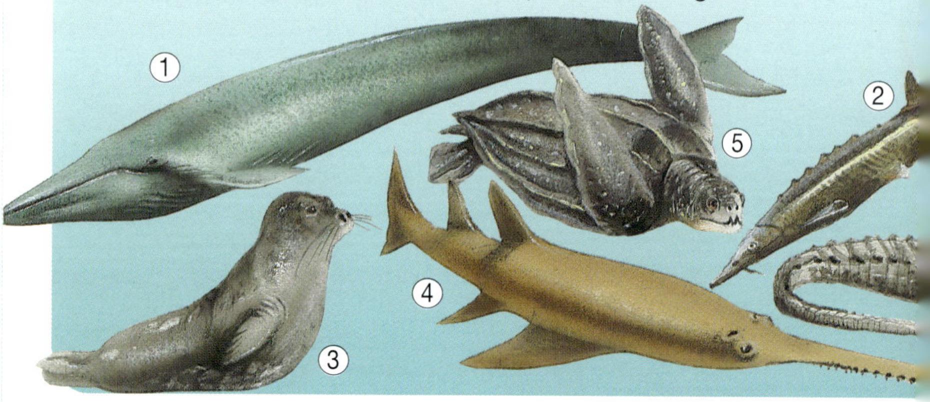

In Asien jagen sie auch den Tiger ⑩, von dem es derzeit nur noch wenige tausend Exemplare gibt. Verfolgt werden auch die Elefanten ⑪ wegen des Elfenbeins ihrer Stoßzähne. Der wegen seines Federkleids beliebte Blauara ⑫ überlebt nur noch in Gefangenschaft. Der Große Panda ⑬ ist heute besser geschützt. Dagegen kümmern wir uns viel zu wenig um den Eisbären ⑭. Er ist gefährdet, weil das Packeis zurückgeht. Aber auch das Grevy-Zebra ⑮ wird immer mehr gejagt und sein Lebensraum ständig weiter eingeschränkt. Die Zerstörung der afrikanischen

Wenn der Mensch die Welt der Tiere zerstört

Die Geißel der Erwärmung

Die Lederschildkröte ⑤ wurde zum Opfer all dieser Geißeln. Ihr letzter Legeplatz in Guyana ist durch den Anstieg des Meeresspiegels bedroht, ebenso wie die Trichtermündungen und die Deltas, in denen Krokodile ⑥ und Flamingos ⑦ leben. Grund für diese Bedrohung ist die Klimaerwärmung. Sie beeinträchtigt schon jetzt die Wanderungen des Monarchfalters ⑧ und könnte auch die Lebensräume anderer Arten bedrohen.

Opfer von Wilderern

Obwohl es unter Artenschutz steht, wird das Spitzmaulnashorn ⑨ in Afrika wegen seines Horns von den Wilderern stark bejagt.

Noch nicht lange ausgestorben

Der letzte Tasmanische Wolf starb 1961. Dieser Beutelwolf wurde von den Schafzüchtern ausgerottet, deren Herden er riss. Die Goldkröte verschwand Anfang der 1990er-Jahre. Sicherlich ist sie wegen der Austrocknung der Wälder Costa Ricas ausgestorben, in denen sie lebte. Sie wäre damit das erste Opfer der Klimaerwärmung, von der alle Amphibien bedroht sind.

Wälder gefährdet neben den anderen Primaten auch den Gorilla ⑯ und den Drill ⑰.

Bedroht und vergessen

Die exotischen Tierarten ziehen natürlich mehr Aufmerksamkeit auf sich als der Braunbär ⑱ und der Luchs ⑲. Die Schäfer sehen es nicht gerne, wenn sie in unseren Berglandschaften umherziehen. Mit dem Rückgang der Waldgebiete verliert auch das Birkhuhn ⑳ seinen Lebensraum. Aber darüber machen wir uns ebenso wenig Gedanken wie über das Aussterben tausender von Insekten, die sehr nützlich sind!

Geregelter Handel

Tierhandlungen müssen sich beim Verkauf von Reptilien und Papageien an bestimmte internationale Vorschriften halten. So beschränkt z.B. ein Übereinkommen den Handel mit gefährdeten frei lebenden Tieren.

ZERSTÖRTE LEBENSRÄUME

Seit die Menschen Bauern geworden sind, gestalten sie die Landschaften ständig um. Im Laufe der beiden letzten Jahrhunderte stieg die Bevölkerungszahl rasant an und seither drückt der Mensch der Natur immer stärker seinen Stempel auf: Je mehr Menschen Platz zum Leben und für ihre Nahrungsproduktion brauchen, desto weniger naturbelassene Flächen gibt es. Auf dem Lande wie im Wasser sind zahlreiche natürliche Lebensräume zerstört worden.

Reinigende Feuer

Naturkatastrophen sind nicht immer katastrophal! Brände z.B. gehören zum Leben in den Graslandschaften dazu. Sie verhindern, dass die Bäume sich überall ausbreiten und fördern das Wachstum der Gräser, ohne die die Pflanzenfresser dort nicht überleben können. Allerdings braucht die Natur Zeit, um sich zwischen zwei Feuersbrünsten zu erholen.

Abholzung

Das Roden der Wälder durch Niederbrennen zur Gewinnung neuer Anbauflächen ist so alt wie die Landwirtschaft. Mehr als 600 Millionen Menschen in den tropischen Wäldern haben dank der Brandrodung eine Lebensgrundlage. Während aber die Waldvölker dem Wald immer wieder die Möglichkeit geben, einzelne Teilstücke nach einigen Anbaujahren zurückzuerobern, ignorieren die modernen Landwirte diese alte Tradition. In Amazonien kommen sie in der Hoffnung auf ein besseres Leben oft aus Gegenden, in denen die Wüste immer weiter vordringt. Vor allem werden die gerodeten Flächen immer größer. Riesengroße Flächen im Regenwald werden abgeholzt, um Weideflächen für die Rinder zu schaffen, die dann in den Ländern auf der Nordhalbkugel verzehrt werden.

durch Abholzung bedrohte Gebiete

Aber auch der Handel mit dem Tropenholz treibt die Abholzung voran. In Amazonien folgt die Zerstörung des Waldes den Straßen und Eisenbahnlinien zu den Minen, Ölfeldern und Staudämmen. In 50 Jahren wird eine Fläche, die 1,5-mal größer ist als Deutschland, im Amazonaswald verschwunden sein. In Afrika ist der Äquatorialwald im Kongobecken ebenfalls bedroht.

Abholzung des Amazonaswaldes

Wenn der Wald verschwindet

Weiter im Westen hat Nigeria seit 1960 schon drei Viertel seiner Waldfläche verloren! In Asien verschwand im gleichen Zeitraum 40 % des feuchten Tropenwaldes. In Sri Lanka und Bangladesch ist er schon völlig zerstört.

Bedrohte Riffe

Die Korallenriffe sind in den Meeren das, was die Tropenwälder an Land sind: das artenreichste Ökosystem überhaupt! Aber auch sie sterben immer mehr ab. In zahlreichen Ländern wie den Philippinen z.B. fischen die Menschen mit Dynamit oder Zyanid, einem hochwirksamen Gift. Zwar bringt der Tourismus andere Einnahmequellen, aber er kann auch zum Absterben der Riffe beitragen, wenn zu viele Taucher zwischen den Korallen umherschwimmen. Außerdem macht den Korallen die Klimaerwärmung zu schaffen, die wiederum durch die Abholzung verstärkt wird.

Ein beispielloser Misserfolg

Weltweit wurden große Staudämme gebaut, um den Energiebedarf zu decken und Felder zu bewässern. Ganze Täler wurden geflutet, Millionen von Menschen umgesiedelt. Allerdings haben die Staudämme das ökologische Gleichgewicht gestört und machen daher oft alles schlimmer als besser! Der Assuan-Staudamm am Nil in Ägypten sollte das Leben der Bauern verbessern. Aber die ständige Bewässerung und die hohe Verdunstung haben dazu geführt, dass sich immer mehr Salz auf den Böden ablagert, die auch nicht mehr vom Nilschlamm gedüngt werden, der sich jetzt hinter der Staumauer ansammelt, genauso wie die Fische!

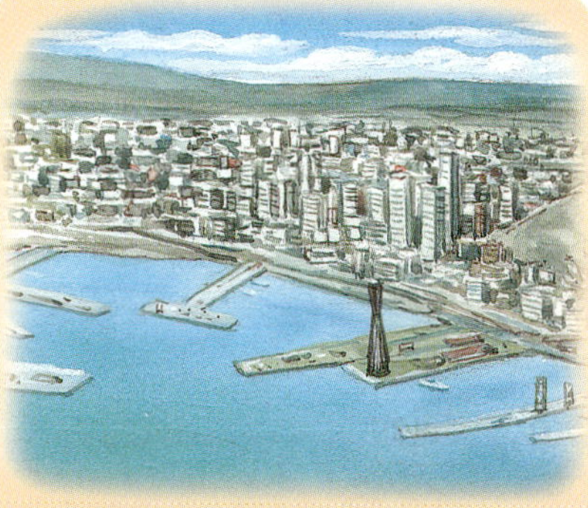

Wachsende Städte

Immer mehr Menschen leben weltweit in den Städten, die sich ausdehnen und dabei das umliegende Land zerstören. Die Urbanisierung ist an den Küsten besonders Besorgnis erregend. Hier leben 6 von 10 Menschen. Die Küsten sind ein sehr empfindlicher Lebensraum: Dünenstreifen und Mangrovenwälder gehen immer weiter zurück.

Zu viel Beton und Teer

Wer von der Stadt spricht, spricht von Häusern, Straßen und Parkplätzen. Beton und Teer, die hier auf den Boden gekippt werden, lassen keinen natürlichen Wasserabfluss mehr zu! Das erklärt zum Teil, weshalb es bei starken Regenfällen zu verheerenden Überschwemmungen kommt.

DER VORMARSCH DER WÜSTEN

Der Rückgang der natürlichen Lebensräume führt dazu, dass immer mehr Land zur Wüste wird. Jedes Jahr werden die Wüsten, die schon mehr als ein Drittel der Kontinente umfassen, größer. Dies ist besonders in der Sahelzone zu beobachten, einem Gebiet in Afrika, das an den Süden der Sahara angrenzt. Die Zerstörung der Böden schreitet auch in Regionen voran, die eher günstig gelegen sind: In Europa ist heute ein Drittel der Böden davon bedroht, unfruchtbar zu werden.

Eine Salzwüste

Seit 1960 hat der Aralsee in Zentralasien zwei Drittel seiner Wassermenge verloren, weil seine Zuflüsse zum Bewässern der Felder umgeleitet wurden. So haben die Menschen eine Salzwüste geschaffen.

Der Mensch und das Klima

Der Sand im Tempel von Abu Simbel erinnert uns daran, dass die Wüste schon seit tausenden von Jahren in diesem Teil Afrikas besteht, aber auch, dass sie immer weiter voranschreitet. Westlich davon ist die Sahara innerhalb von 15 Jahren rund 150 km weiter nach Süden gewandert. Ganze Dörfer in Mauretanien und Niger wurden von den Sanddünen eingeholt. In dieser Sahelzone kommt es seit 1968 immer wieder zu Dürrekatastrophen, bei denen unzählige Menschen gestorben sind und die Hunderttausende aus ihrer Heimat vertrieben haben. Klimaveränderungen gehören zur Geschichte unseres Planeten. Aber die Luftverschmutzung und die Klimaerwärmung könnten ein Grund für diese jüngste Versandung in der Sahelzone sein.

Der Tempel von Abu Simbel in Ägypten wurde zufällig von Archäologen entdeckt. Er war unter riesigen Sandbergen verborgen.

Wenn der Boden den Menschen nicht mehr ernährt

Ein Teufelskreis

Bei der Abholzung der Wälder bleibt nur der nackte Boden zurück. Dies ist ebenfalls ein Grund für den Vormarsch der Wüsten. In den Tropen wird der gerodete Boden sehr schnell unfruchtbar. Der Humus, d.h. die fruchtbare Schicht, die durch die Zersetzung der Pflanzen entsteht, wird vom Wind und Regen weggetragen. Nach einigen Jahren bleibt nur noch eine rote vertrocknete Kruste, die hart und rissig ist. In Gebieten wie der Sahelzone wurden die Äste der Bäume abgeholzt, die Vegetation wurde von den viel zu zahlreichen Herden völlig abgeweidet. Überall schließt sich der Teufelskreis: Je geringer die Vegetation ist, desto stärker ist die Erosion des Bodens. Und je weniger Pflanzen wachsen, desto geringer sind die Niederschläge. Die Wüste erobert schließlich das Land.

Gibt es Lösungsmöglichkeiten?

Mit dem Kampf gegen den Vormarsch der Wüste soll den Menschen die Möglichkeit gegeben werden, ihre Böden zu bestellen und sich selbst zu ernähren. Aber dabei dürfen die Böden nicht ausgemergelt werden. In Burkina Faso wurden neue Methoden erfolgreich durchgeführt: Die Bauern pflanzten Hecken und bauten kleine Steinmauern. Damit schafften sie eine Barriere gegen den Sand und hielten den fruchtbaren Boden zurück. Kompost, den sie aus den Exkrementen ihrer Tiere

und Pflanzenabfällen gewinnen, düngt den Boden. Das Wasser wird in Becken aufgefangen und über Bewässerungsrinnen entlang der Gemüsegärten verteilt. Seit einigen Jahren fallen die Ernten immer besser aus!

Die Dünen stabilisieren

Im Mittleren Osten benutzen die Menschen in einigen Ländern wie dem Iran das reichlich vorhandene Erdöl zur Stabilisierung der Wanderdünen. Zwar ist diese Lösung erst einmal eine Umweltverschmutzung, aber sobald das Öl getrocknet ist, können die Dünen bepflanzt werden. Mit ihren Wurzeln halten die Pflanzen diese Sandberge zusammen.

Die Wüste bewässern

In Indien begann man 1958 mit dem Bau des riesigen Indira-Gandhi-Kanals, mit dem die Thar-Wüste bewässert werden sollte. Dafür wurden zwei Flüsse aus dem Himalaja umgeleitet. Seither wächst in der Wüste Reis. Dafür ist aber die Malaria aufgetreten, die eigentlich eine Tropenkrankheit ist. 2003 litt die Region nach drei Jahren Trockenheit unter Wassermangel.

ARTENVIELFALT IN GEFAHR

Das Wort Artenvielfalt oder auch Biodiversität bedeutet Vielfalt des Lebens. Der Begriff gilt für alle lebenden Organismen. Je mehr Arten in einem Ökosystem vorkommen, desto besser kann es sich gegen Störungen wehren. Für den Menschen ist die Vielfalt des Lebens eine Garantie für überquellende natürliche Ressourcen. Weil er aber die Natur nach seinen Bedürfnissen immer mehr zurechtstutzt, nimmt die Artenvielfalt stark ab.

Marienkäfer als Helfer

Zum Schutz vor Schädlingen setzen die Bauern sehr viele chemische Produkte ein, die nicht nur die Umwelt verschmutzen, sondern auch alle Kleinstlebewesen töten, gleich ob sie nützlich oder schädlich sind. Die Biobauern allerdings ziehen im Kampf gegen die Schädlinge die natürlichen Möglichkeiten vor. So benutzen sie z.B. gegen Blattläuse ganze Armeen ausgehungerter Marienkäfer.

Amerikanischer Ochsenfrosch — *Teichfrosch*

Ungebetene Gäste

Neben der Zerstörung der Lebensräume bedroht auch die Invasion nicht einheimischer Arten die Artenvielfalt. Die als Haustier verkaufte Rotwangenschmuckschildkröte wurde in Gewässern ausgesetzt, wo sie alles auffrisst und sich zum Nachteil der Griechischen Landschildkröte entwickelt. Aus Kaulquappen aus Amerika entwickelte sich der riesige Amerikanische Ochsenfrosch, der mit heimischen Froscharten konkurriert. Der Nutria wurde wegen seines Felles aus Südamerika eingeführt. Heute zerstört er die Uferböschungen der Flüsse und Seen. In Australien versucht man die Kaninchen auszurotten, die von den Siedlern mitgebracht wurden.

Nutria — *Kaninchen* — *Griechische Landschildkröte*

Eindringlinge

Viele Nutzpflanzen sind inzwischen rund um den Erdball zu finden. Allerdings besteht heute die Gefahr, dass nur noch eine kleine Anzahl dominanter Arten angepflanzt wird. Das Beifußblättrige Traubkraut ①, das eher zufällig im 19. Jahrhundert von Nordamerika nach Frankreich kam, hat sich im Rhonetal verbreitet, wo seine Pollen schwere Allergien auslösen. Das für Tiere giftige Spatelblättrige Greiskraut ② aus Südafrika wächst in den Weinbergen und auf den Weideflächen Frankreichs. Im Mittelmeer hat die Kriechsprossalge Caulerpa ③, die eigentlich im Pazifik beheimatet ist, viele Tausend Hektar Wasserpflanzen überwuchert. Die Wasserhyazinthe ④ blockiert den Schiffsverkehr auf den Flüssen der Tropen und nimmt den Fischen den Sauerstoff zum Atmen.

Die Vielfalt ist ein Trumpf

Überfischung

Fische sind für den Menschen eine Hauptquelle tierischer Proteine. Aber das industrielle Fischen bedroht den Fischbestand der Meere. Die Menschen fischen zu viel und lassen den Fischen nicht die Zeit, sich fortzupflanzen. In der Nordsee musste viele Jahre lang der Heringsfang verboten werden, um diesen Fisch in seinem Bestand zu retten. Heute ist auch der Kabeljau bedroht, obwohl nur noch bestimmte Quoten gefischt werden dürfen. Die Aquakultur wird oft als Lösung dargestellt. Aber auch sie führt zu einer starken Einschränkung der Artenvielfalt.

GVO

Gentechnisch veränderte Organismen (GVO) sind Pflanzen oder Tiere, deren genetisches Material durch die Merkmale einer anderen Art geändert wurde. So werden z.B. Pflanzen mit den Genen eines Bakteriums gezüchtet. Inzwischen werden Tomaten angepflanzt, die sich länger frisch halten. Auf den Feldern könnten sich die GVO selbst aussäen und die Wildpflanzen verdrängen und so die Artenvielfalt noch weiter einschränken.

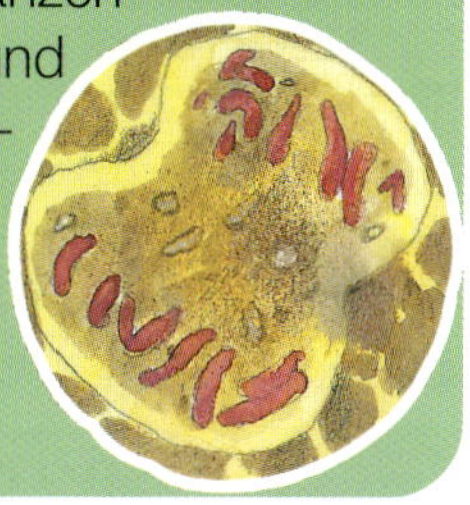

Eine einseitige Landwirtschaft

Im Laufe der Jahrtausende haben die Bauern immer wieder die Pflanzensorten und Tierarten ausgewählt, die am besten an das Klima und den Boden angepasst waren. Mit der Industrialisierung hat die Landwirtschaft eine kleine Anzahl von Pflanzen und Tieren ausgewählt, die den höchsten Ertrag brachten. In allen Ställen Europas finden sich heute hauptsächlich Schwarzbunte und Rotbunte Rinder, die bis zu 30 l Milch am Tag produzieren, sowie Charolais-Rinder, die sehr viel Fleisch liefern. Früher hatte jede Region ihre eigenen Rinderarten. In den 1950er-Jahren wurden in Frankreich 400 Maissorten angebaut, heute sind es nur noch wenige Sorten. Dabei ist die Vielfalt der angebauten Pflanzen ein Unterpfand für die Erntesicherheit!

Vielfalt alter Sorten

Die Kartoffel stammt aus den Anden, wo die Bauern oft bis zu 30 Sorten auf einem einzigen Feld anbauen. Auf diese Weise mindern sie das Risiko eines Ernteausfalls. In Irland wurde im 19. Jahrhundert nur noch eine Kartoffelsorte angebaut. Als die Pflanzen von der Kartoffelkrautfäule befallen wurden, brach eine große Hungersnot aus.

PARKS UND NATURRESERVATE

Zur Bewahrung der Natur kann man bedrohte Tiere in die Zoos bringen und seltene Pflanzen in botanischen Gärten anpflanzen. Man kann aber auch ganze Ökosysteme schützen, indem man Schutzgebiete in Form von Naturreservaten oder Nationalparks ausweist. Etwa 9 % der Fläche unseres Planeten werden so geschützt. Aber es geht nicht darum, aus der Natur ein Museum zu machen. Die Menschen müssen für die Erhaltung der Natur gewonnen werden.

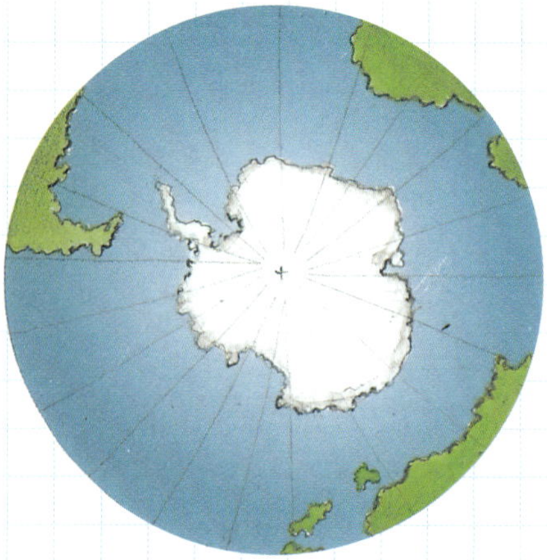

Ein Kontinent für sich

Die Antarktis ist eine unbewohnte Eiswüste. Die Staatengemeinschaft hat beschlossen, dass niemand dieses Land annektieren kann. Nur Forschungsvorhaben dürfen hier durchgeführt werden. Aber der weiße Kontinent wird heute durch den Tourismus bedroht und einige Länder wollen nicht darauf verzichten, seine Bodenschätze auszubeuten.

Schutzzonen

1872 wurde in den Rocky Mountains in den USA der erste Nationalpark eingerichtet. Während die aus Europa eingewanderten Bauern dort ihre Häuser bauten und ihr Vieh weideten, wo zuvor die Indianer und Bisons gelebt hatten, wollten die Regierenden die Natur im Yellowstone-Park (siehe unten) bewahren. 1909 richtete Schweden den ersten Nationalpark in Europa im hohen Norden in Lappland ein. Der erste Nationalpark Deutschlands wurde 1970 im Bayerischen Wald ausgewiesen. Mit der Gründung des Parks konnten der stark bejagte Fischotter, der Luchs, das Auerhuhn und der Schwarzstorch ebenso geschützt werden wie Knabenkräuter und der Enzian. Dort werden die Wälder sich selbst überlassen und bilden einen natürlichen Urwald. Heute gibt es weltweit fast 1500 Nationalparks und Reservate. Die Touristen können in ihnen die unberührte Natur entdecken. Die Verantwortlichen hoffen die Menschen davon überzeugen zu können, dass es besser ist, die Natur zu bewahren als ihre Reichtümer auszubeuten. Dabei stoßen sie zumindest bei den Besuchern der Parks auf offene Ohren, denn immerhin bezahlen sie dafür, ein Stück geschützte Natur zu sehen.

Intakte Gebiete erhalten

Nationalpark Vanoise in Frankreich

Regeln

Innerhalb der Nationalparks und Naturreservate dürfen bestimmte Gebiete nicht betreten werden und in den zugänglichen Bereichen sind die Anweisungen unbedingt zu befolgen. Die Wanderer dürfen nur auf den markierten Wege gehen.

Die Besucher dürfen weder Pflanzen pflücken noch jagen oder fischen. Sie dürfen auch keine Abfälle liegen lassen!

Zoos und Gärten

Die ersten Zoos und botanischen Gärten wurden eingerichtet, um die Neugierde der Wissenschaftler wie auch der einheimischen Bevölkerung in Europa und Amerika zu befriedigen. Sie konnten dort Tiere und Pflanzen entdecken, die aus weit entfernten Ländern stammten. Auch wenn Naturschutz noch ein Fremdwort war, haben diese lebenden Museen doch dazu beigetragen, das Wissen über die Natur zu verbreiten. Im Laufe der Zeit wurde ihre Rolle beim Schutz bedrohter Arten immer bedeutender.

Naturreservat in der Camargue

Die zoologischen Gärten sind inzwischen besser eingerichtet, um den Bedürfnissen der Tiere gerecht zu werden. Das Personal sensibilisiert die Besucher für den Naturschutz. Gleichzeitig kümmern sie sich um die Tiere und geben ihr Bestes, damit sich diese fortpflanzen. Einige Zoos haben es sich zur Aufgabe gemacht, bedrohte Arten wieder auszuwildern. Aber die Rückkehr in ein natürliches Lebensumfeld nach einer Zeit, in der sie nahe bei den Menschen und unter nicht wirklich natürlichen Bedingungen gelebt haben, ist für die Tiere nicht leicht. Die Rate der Misserfolge ist hoch. Trotz allem konnten im Februar 2002 zwei Oryxantilopen, die in einem Zoo in Frankreich geboren worden waren, mit Erfolg in einem afrikanischen Reservat freigelassen werden.

Pflanzen schützen und bewahren

Die Bewahrung von Wildpflanzenarten wie z.B. früher angepflanzten Sorten ist zwar weniger spektakulär, aber genauso wichtig. Weltweit bieten Gewächshäuser mit exotischen Pflanzen, Obstbaumschulen und Samenbanken eine hervorragende Sammlung zur Bewahrung der Zukunft!

Eine Oryxantilope wird in Afrika freigelassen.

DER NATURSCHUTZ